U0257875

BLUÉ BOOK

智 库 成 果 出 版 与 传 播 平 台

河北食品安全蓝皮书
**BLUE BOOK** OF FOOD SAFETY OF HEBEI

# 河北食品安全研究报告（2023）

ANNUAL REPORT ON FOOD SAFETY OF HEBEI（2023）

组织编写／河北省人民政府食品安全委员会办公室
主　编／何江海
副主编／贝　军　张树海　彭建强

社会科学文献出版社
SOCIAL SCIENCES ACADEMIC PRESS（CHINA）

图书在版编目（CIP）数据

河北食品安全研究报告. 2023 / 河北省人民政府食品安全委员会办公室组织编写. --北京：社会科学文献出版社，2023. 10
（河北食品安全蓝皮书）
ISBN 978-7-5228-2358-4

Ⅰ. ①河…　Ⅱ. ①河…　Ⅲ. ①食品安全-研究报告-河北-2023　Ⅳ. ①TS201.6

中国国家版本馆 CIP 数据核字（2023）第 153134 号

河北食品安全蓝皮书

## 河北食品安全研究报告（2023）

组织编写／河北省人民政府食品安全委员会办公室

出　版　人／冀祥德
责任编辑／高振华　吴尚昀
责任印制／王京美

出　　　版／社会科学文献出版社·城市和绿色发展分社（010）59367143
　　　　　　地址：北京市北三环中路甲 29 号院华龙大厦　邮编：100029
　　　　　　网址：www.ssap.com.cn
发　　　行／社会科学文献出版社（010）59367028
印　　　装／天津千鹤文化传播有限公司

规　　　格／开　本：787mm×1092mm　1/16
　　　　　　印　张：14.75　字　数：190 千字
版　　　次／2023 年 10 月第 1 版　2023 年 10 月第 1 次印刷
书　　　号／ISBN 978-7-5228-2358-4
定　　　价／128.00 元

读者服务电话：4008918866

# 序

　　食品安全乃民生之本。随着社会经济的不断发展，人民生活水平逐步提高，人们追求吃得健康安全有营养，已成为美好生活向往的重要组成部分。但食品安全没有零风险，食品安全事故难以避免，提高食品安全保障水平尤为重要。近年来，习近平总书记围绕食品安全作出一系列重要指示批示，党中央、国务院始终把食品安全放在重要位置，相继出台《关于深化改革加强食品安全工作的意见》《地方党政领导干部食品安全责任制规定》等一系列文件，强调从农田到餐桌全过程全链条保障食品安全。2022 年 9 月，国务院食品安全委员会和市场监督管理总局出台《关于建立健全分层分级精准防控末端发力终端见效工作机制　推动食品安全属地管理责任落地落实的意见》《企业落实食品安全主体责任监督管理规定》，在全国范围部署推动食品安全属地管理责任和企业主体责任落实。这些都为做好新时代食品安全工作提出新的更高要求。

　　河北地处京畿要地，承担着京津冀协同、雄安新区建设等重大国家战略任务，供京食用农产品市场占比达到 40% 以上，是首都名符其实的"菜篮子""米袋子""肉盘子"，保障任务艰巨、责任重大。

　　多年来，河北省人民政府食品安全委员会办公室、省市场监督管理局会同省农业农村厅、省卫生健康委、省公安厅、省社科院等有关部门联合编创并出版发行的《河北食品安全研究报告（蓝皮书）》，在发出权威声音、讲好河北食品安全故事的同时，也为河北食品安全治理积累了丰富经验，形成行之有效的共治交流范式。《报告》始终坚持突出食品安全监管的先进治理体系和治理模式研究，以理论为指导，理论联系实际，侧重实践实证，从监管实践出发，引用典型案例鲜明突出，注重理论提升深化，致力于从理论创新研讨推动监管实践，发挥理论基础研究对监管工作实践的巨大推动作用。随着经济社会发展，食品安全问题不断演变，本书研究的食品安全课题和方向也随之不断调整变化，与时俱进呈现时代性、包容性、引领性。

　　总的来看，食品安全保障能力和水平紧扣时代脉络，每年都在发生显性变化。相信在各级党委、政府统一领导下，通过各职能部门严格监管，畅通社会监督，营造人人维护食品安全共治氛围，督促食品企业诚信自律经营，为全社会提供安全放心食品，我们食品安全事业会有一个美好的未来。

中国工程院院士

2023 年 8 月 16 日

# 摘　要

食品无小事，健康是大事。食品安全关系着人民群众身体健康和生命安全，党的十八大以来，以习近平同志为核心的党中央坚持以人民为中心的发展理念，将食品安全工作放在"五位一体"总体布局和"四个全面"战略布局中统筹谋划部署，从党和国家事业发展全局、实现中华民族伟大复兴中国梦的战略高度，在体制机制、法律法规、产业规划、监督管理等方面采取了一系列重大举措。河北省委、省政府认真贯彻党中央、国务院决策部署，食品产业快速发展，全过程监管体系逐步健全，检验检测能力不断提高，重大食品安全风险得到控制，人民群众饮食安全得到保障，食品安全形势不断平稳向好。

2022年，河北省各级有关部门坚持以习近平新时代中国特色社会主义思想为指导，深入贯彻落实党中央、国务院决策部署，牢固树立"四个意识"，坚定"四个自信"，做到"两个维护"，坚持问题导向，强化底线思维，以高度的政治自觉，推动全省监管体系日趋完善、技术支撑不断强化、治理能力持续提升，保持全省食品安全形势总体平稳向好。石家庄、唐山、张家口3个国家食品安全示范城市全部通过国务院食品安全委员会复审。河北是全国4个首批试点省份中唯一一个没有被摘牌的省份。反映食品总体安全状况的国家评价性抽检合格率连续3年在99%以上，坚持问题导向以排查风险为目的的监督抽检合格率连续3年在98%以上。食品安全群众满意度从2013年的58.48上升为2022年的83.78。会同省人社厅开展首次食品安全评

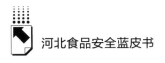

先表彰活动，全省99个先进集体和148名先进个人受到表彰。

《河北食品安全研究报告》自2015年起，连续8年由河北省人民政府食品安全委员会办公室、省市场监管局会同省农业农村厅、省公安厅、省卫生健康委、省林业和草原局、石家庄海关、省社会科学院等部门联合研创，全面展示河北省食品安全状况，客观评价食品安全保障工作成效，剖析食品安全工作中存在的问题及成因，探索研究食品安全样板发展路径和先进治理模式，是省内外全面了解河北食品安全、研究年度食品安全状况和食品监管热点问题的重要文献，为省领导决策参考和社会科学研究提供了重要资料。

《河北食品安全研究报告（2023）》（以下简称《报告》）分为总报告、分报告和专题报告3个部分。总报告全面展现了河北省食品安全状况。分报告由6篇调查报告组成，分析了河北省蔬菜水果、畜产品、水产品、食用林产品，以及食品安全抽检监测、进出口食品质量安全监管状况，剖析存在的问题，并提出对策建议。专题报告涵盖我国食品安全监管历史沿革及完善食品安全治理体系的思考建议、食品中内源性有害物新型检测技术研究进展、京津冀食品安全跨区域协作监管机制构建与探索、河北食盐行业发展形势分析及建议、2022年河北省食品安全社会公众综合满意度调查报告5个方面内容，多角度对河北省食品安全工作进行深入分析。《报告》3个部分相辅相成、点面结合，为公众全面深入了解河北省当前的食品安全状况提供了科学参考。

《报告》坚持深化改革创新，由中国工程院院士作序，专家领导、科研骨干等参与研创，注重风险问题的交流，具有全面、客观、针对性强3个特点。一是阐述了农产品到食品工业的质量安全状况，全面系统地展示了食品和食品相关产品安全的总体发展状况，是评估和研究省级食品安全形势和发展的重要资料。二是《报告》所采用的数据均来自职能部门的第一手资料，准确客观地反映了河北省食品安全整体状况，是政府和相关部门研究决策以及民众了解相关信息的重要渠道。三是《报告》坚持问题导向，对河北省食品安全状况进行了深入分析研究，探讨河北省食品安全监管面临的理论和实践问题，总结食品安全工作中的创新实践，借鉴外省先进经验，从理论和实践两个方面推动河北食品安全工作。

　　食品安全责任重大，全社会要共同参与，党委和政府要强化领导，职能部门要依法监管，经营主体要诚信自律，要畅通群众监督、舆论监督渠道，营造人人关心食品安全、人人维护食品安全的良好社会氛围，形成食品安全社会共治的良好局面。食品安全的研究与实践是一个不断探索完善的过程，我们欢迎学术界、法律界、科技界更多地参与食品安全理论和实践研究，力争从专业角度争取各方对河北食品安全工作的建议和指导，为河北食品安全持续平衡向好发展提供有力保障，共同守护"人民舌尖上的安全"。

**关键词：**　河北　食品安全　监督管理　质量状况　创新实践

# Abstract

Food safety is a matter of greatness which concerns people's health. Since the 18th CPC National Congress, the Party Central Committee with Xi Jinping as the core, has adhered to the thought of people-centered development and placed food safety in the overall layout of the "Five-sphere Integrated Plan" and the "Four-pronged Comprehensive Strategy", and made planning and deployment from the strategic height of developing the overall cause of the Party and the country and realizing the Chinese Dream of the great rejuvenation of the Chinese nation. A series of major measures have been taken in institutional mechanisms, laws and regulations, industrial planning, supervision and management. Hebei Provincial Party Committee and Provincial Government earnestly implement the deployment of the Party Central Committee and the State Council. Under this guidance, the food industry in Hebei has developed rapidly, the supervision system of the whole process has been gradually improved, the inspection and testing capacity has been continuously perfected, major food safety risks have been under control, the food safety of the people has been guaranteed, and the food safety situation has been stable and generally positive.

In 2022, the relevant departments at all levels in Hebei Province adhere to the guidance of Xi Jinping Thought on Socialism with Chinese Characteristics for a New Era, implement the decision and deployment of the Party Central Committee and the State Council, strengthen our commitment to the Four Consciousnesses, the Four-sphere Confidence and the Two Upholds. With a high degree of political consciousness, the governments in Hebei adhere to the problem-orientated method, strengthen the bottom line thinking, promote the regulatory system of the whole province to improve. Technical support continues to be strengthened, governance capacity improves steadily, and Hebei's food safety situation is generally stable and good. Shijiazhuang, Tangshan and Zhangjiakou, three national food safety demonstration cities, have all passed the review of the Food Safety Committee of the State Council, and Hebei is the only one in the first four pilot provinces in the country that has not been delisted. The pass rate of national evaluation sampling, which reflects the overall safety situation of food, has exceeded 99% for three consecutive years, and the pass rate of problem-oriented supervision sampling for the purpose of risk detection has exceeded 98% for three consecutive years. People's satisfaction with food safety increased from 58.48 in 2013 to 83.78 in 2022. The Provincial Human Resources and Social Security Department carried out the first food safety evaluation and commendation activities, and 99 advanced collectives and 148 advanced individuals in the province were rewarded.

*Hebei Food Safety Research Report* (hereinafter referred to as the *Report*), for eight consecutive years since 2015, has been jointly developed by Food Safety Committee Office of Hebei Provincial Government, Hebei Provincial Market Supervision Bureau, along with Agriculture and Rural Affairs Department of Hebei Province, Hebei Provincial Public Security Department, Hebei Provincial Health Commission, Hebei Forestry and Grassland Bureau, Shijiazhuang Customs, Hebei Academy of Social Sciences and other departments. It displays the comprehensive situation of food safety in Hebei Province, objectively evaluates the effectiveness of food safety work results, analyzes the causes of existing problems in food safety, explores exemplary development paths and advanced governance models for food safety. It is an important document inside and outside the

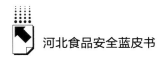

province to comprehensively understand Hebei's food safety and to study the annual situation and hot issues in food supervision, which serves as a main channel for the research of social sciences and for the decision-making reference of provincial leaders.

The *Report* is divided into three parts: general report, sub-reports and special reports. The general report comprehensively shows the food safety situation of Hebei Province. The sub-reports consist of 6 investigation reports, which respectively study the status of vegetables and fruits, livestock products, aquatic products, edible forest products, food safety sampling and monitoring, import and export food quality and safety supervision in Hebei Province, analyze the existing problems and put forward countermeasures and suggestions. The special reports analyze the food safety work in Hebei Province from multiple angles and cover five aspects, including the history of China's food safety supervision and suggestions on improving food safety management system, research progress on new detection technologies for endogenous harmful substances in food, construction and exploration of Beijing–Tianjin–Hebei food safety cross-regional cooperative supervision mechanism, the development of Hebei salt industry, and the survey report on the satisfaction of food safety. The three parts of the *Report* complement each other and provide a scientific reference for the public to comprehensively understand the current food safety situation in Hebei Province.

The *Report* adheres to the deepening of reform and innovation, with the preface written by an Academician of Chinese Academy of Engineering, designed and participated by experts and scientific researchers. It focuses on the exchange of risks, and has three characteristics of comprehensiveness, objectiveness and pertinence. First, from the agricultural products to the food industry, it comprehensively and systematically displays the overall development of food and food-related product safety, serving as an important information for assessing and studying the provincial food safety situation and development. Second, the data used in the *Report*, are all from the first-hand information of functional departments, which reflect the overall food safety situation in Hebei Province accurately and objectively. It is an important channel for the government and relevant departments to study and make decisions, and for the public to understand relevant information. Third, the *Report* adheres to problem-oriented method, conducts in-depth analysis and research on the food safety situation in Hebei Province, discusses the important theoretical and practical problems faced by the food safety supervision, summarizes the innovative practice and beneficial experience in food safety, collects the advanced experience of other provinces, in order to promote the improvement of food safety in Hebei Province from both theoretical and practical aspects.

The responsibility of food safety is significant, we need the efforts of the whole society. Party committee and government should strengthen the leadership, functional departments should supervise according to law, business entities should be honest and self-disciplined. Method like opening the channels of mass supervision should be taken, in order to create a good social atmosphere where everyone cares about food safety and form a good situation of co-governance in food safety. The research and practice of food safety is a process of continuous exploration and improvement. We welcome the academic, legal and scientific circles to participate in the theoretical research and practice, and strive to seek professional suggestions and guidance from all parties on food safety in Hebei, so as to provide a strong guarantee for the sustainable and balanced development of food safety in Hebei, and jointly safeguard the "safety of people's tongue".

**Keywords**: Hebei; Food Safety; Supervision Management; Quality Status; Innovation Practice

# 目 录 ↖↘

## Ⅰ 总报告

## Ⅱ 分报告

# Ⅲ　专题报告

皮书数据库阅读**使用指南**

# CONTENTS ↖

# I  General Report

# II  Sub-Reports

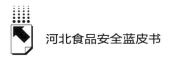

# Ⅲ  Special Reports

CONTENTS ⟰

# 总报告

## General Report

# B.1

# 2022年河北省食品安全报告

河北省食品安全研究报告课题组

**摘 要：** 2022年，河北省坚持以习近平新时代中国特色社会主义思想为指导，持续推进食品安全领域治理体系和治理能力现代化建设，全省未发生重大及以上食品安全事故，安全形势持续平稳向好。河北省食品工业体系健全，截至2022年底，全省食品经营环节取得食品经营许可和备案的主体共540646家。全省食品质量安全总体状况良好，食用农产品、加工食品、食品相关产品监督抽验合格率继续保持较高水平。2022年全省"12315"共接收食品类案件131385件，其中投诉85884件、举报45501件；已受理72293件，受理率55.02%。各级市场监管部门共查办各类食品安全违法案件27864件，涉案货值2244.82万元，罚没金额共计1.34亿元，移送公安机关301件。2023年河北省将开展食品安全专项行动，加强全过程质

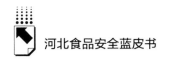
量安全控制，强化重点领域监管，落实生产经营者主体责任，持续保持高压严打态势，提高食品安全管理能力，助力食品产业高质量发展。

**关键词：** 食品安全　食品监管　河北

2022 年，中共河北省委、河北省人民政府坚持以习近平新时代中国特色社会主义思想为指导，全面学习贯彻党的二十大精神，深入贯彻落实党中央、国务院决策部署，深入践行以人民为中心的发展理念，全面落实"四个最严"要求，持续推进食品安全领域治理体系和治理能力现代化建设，全省未发生重大及以上食品安全事故，安全形势持续平稳向好。圆满完成冬奥会食品安全保障工作；暑期安全保障任务再创"历史最好"；石家庄、唐山、张家口 3 个国家食品安全示范城市全部通过国务院食安委复审，河北省是全国 4 个首批试点省份中唯一一个没有被摘牌的。反映食品总体安全状况的国家评价性抽检合格率连续 3 年在 99% 以上，以排查风险为目的的监督抽检合格率连续 3 年在 98% 以上。食品安全群众满意度从 2013 年的 58. 48 上升为 2022 年的 83. 78。省食安办、省市场监管局、省人力资源社会保障厅联合举办全省首届食品安全评先表彰活动，全省 99 个先进集体和 148 名先进个人受到表彰。

## 一　食品产业概况

河北是农业大省，是国家粮食主产省之一，年产蔬菜、果品、禽蛋、肉类、奶类等各类鲜活农产品超亿吨，在全国占有重要地位，是京津地区重要的农副产品供应基地。

## （一）食用农产品

### 1. 蔬菜

2022年，全省蔬菜播种面积1258万亩，总产量5407万吨，其中设施蔬菜面积362万亩（见图1）。河北省是全国为数不多可周年生产蔬菜的省份，全省10万亩以上蔬菜大县有49个，饶阳番茄、玉田白菜、永清胡萝卜、清苑西瓜、青县羊角脆甜瓜、鸡泽辣椒等18个大县单品规模超5万亩，产品特色突出，市场竞争力强。河北省是全国蔬菜产销大省、北方设施蔬菜重点省和供京津蔬菜第一大省，蔬菜产业作为河北省农业优势产业，在带动农业增效、农民增收，保障全国尤其京津蔬菜日常消费和应急保供方面发挥着重要作用。

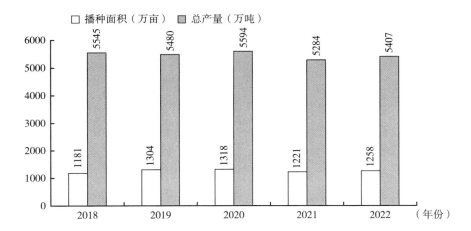

**图1　2018~2022年全省蔬菜播种面积和总产量情况**

资料来源：河北省农业农村厅。

### 2. 畜禽产品

2022年，全省畜牧业产值达2391.7亿元，同比增长4.8%，占整个农林牧渔业产值的31.2%；肉类产量达到475.4万吨，同比增长 3.1%；禽蛋总产量达到 398.4 万吨，同比增长 3.0%；生鲜乳产量 546.7 万吨，同比增长 9.7%（见图 2）。畜禽产品监测总体合格率达到 99.9%，持续保持稳中向好态势。畜禽种业创新发展。筹建国家级奶牛核心育种场 2 个，君乐宝乐源牧业被列入国家畜禽种业阵型企业，华裕农科、兴芮种禽进入全国前 10。奶业振兴步伐加快。奶牛存栏 148.1 万头，同比增长 9.5%，位居全国第 2，保持快速增长势头。生猪产能稳步提升。生猪存栏 1927.7 万头，同比增加 6.5%；出栏 3506.1 万头、猪肉产量 273.4 万吨，同比分别增长 2.8%、2.9%，生猪市场供应充足。屠宰监管日益规范。10 家生猪定点屠宰企业被农业农村部评定为国家屠宰标准化示范厂，位居全国第 2。

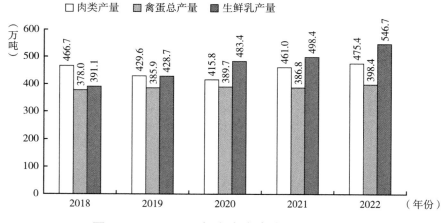

**图 2　2018~2022 年全省畜禽产品产量状况**

资料来源：河北省农业农村厅。

### 3. 水果

2022 年全省果树种植面积 710.6 万亩、水果产量 1140 万吨（见图 3）。坚持把打造高标准生产基地作为主要抓手，推广高效新模式、名优新品种、省力新技术，推动老旧果园改造提升，成功打造威县

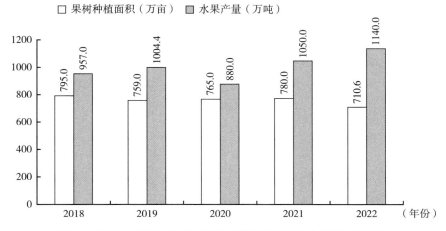

图3　2018～2022年全省果树种植面积及水果产量状况

资料来源：河北省农业农村厅。

梨、晋州鸭梨、辛集黄冠梨、泊头鸭梨、内丘富岗苹果、信都区浆水苹果、承德国光苹果、怀来葡萄、涿鹿葡萄、昌黎葡萄等示范园区，培育区域公用品牌。其中，梨产业实力稳居全国第1位，2022年种植面积173.2万亩，年产量366.6万吨，产值140.3亿元，其中产量占全球的14%以上、占全国的20%以上；常年出口量保持在20万吨左右，占全国的50%以上；总贮藏能力170万吨，占全国的1/3以上。2022年全省葡萄种植面积64万亩，年产量134.1万吨，形成了以怀涿盆地、冀东滨海和冀中南为中心的葡萄酒加工和鲜食葡萄生产基地，优势产区葡萄种植面积达到52.6万亩，占全省的82.2%。以怀来县、昌黎县为重点，全省拥有以加工葡萄酒为主的企业90家，年产葡萄酒5.5万千升。饶阳县设施葡萄种植面积11万亩，年产量24万吨，产值26亿元，成为全国最大的设施葡萄生产基地。2022年全省苹果基地面积172.7万亩，产量265.5万吨。太行山、燕山浅山丘陵和冀北冷凉最佳适生区苹果种植面积占全省的60%以上，富岗苹果基地被农业农村部认定为第一批全国种植业"三品一标"基地，其成为苹果高端精品标杆。2022年全省桃种植面积97.8万亩，产量169.7万吨，主产区为深州市、乐亭县、顺平县、魏县、满城区、卢龙县等地。目前全省桃栽培品种较多，主要有大久保、春雪、春蜜、映霜红、中油蟠桃等。鲜桃出口量不大，以桃罐头出口为主，主要出口国家和地区有韩国、日本、中国香港、中国澳门等。

4. 水产品

2022年，全省水产品总产量112.57万吨，同比增长9.2%（见图4）；渔业一产固定投资增速为47.5%，高出农业一产固定投资34.5个百分点，居农业各行业首位，社会投入积极性比较高。渔业总产值390亿元，较2018年增长47.4%，在农业中的占比不断增加；渔民人均收入达25109元，较2018年增长33.1%，高出全省农民平均收入3357元。特色水产业居全国前列。全省河鲀产业居全国第2位，扇贝、鲆鲽产业均居全国第3位，中国对虾、海参产业均居全国第4位，鲟鱼产业居全国第5位，梭子蟹产业居全国第6位。8种盐碱地水产养殖典型案例被农业农村部推介，数量居全国第2位。水产品质量安全形势持续稳定向好，全年共完成国家和省级监督抽查任务147批次，水产品监督抽查合格率为98.6%。全省海洋牧场发展规模居全国前列。已批准建设26家海洋牧场，总面积1.4万多公顷，总投资11亿多元，累计投放人工鱼礁560多万空方，其中国家级海洋牧场示范区有19家，居全国第3位。加强水产品精深加工与鲜活流通建设，全省年水产品加工总量10万吨，现有水产加工企业222家，加工能力达32.5万吨。同时，注重品牌培育与营销管理，培树了曹妃甸河鲀、黄骅梭子蟹、昌黎扇贝等区域公用品牌，不断提升产品品质，提高了产业知名度和影响力。全省建设大水面生态渔业示范基地12个，打造了"华北第一冬捕节""横山岭捕鱼节""易水湖捕鱼节"等一系列大水面渔业节庆活动。2022年，引进及养殖示范半滑舌鳎、南美白对虾、虹鳟鱼等8个新品种，平均提高养殖效益 10% 以上，其中半滑舌鳎新品种提高效益达 30% 以上，养殖水产品质量得到提升。集成研发出水产品加工新技术 2 项，研制出鲟鱼鱼子酱、鲟鱼片等产品 4 个。突破加州鲈鱼反季节繁育技术，填补了河北空白。

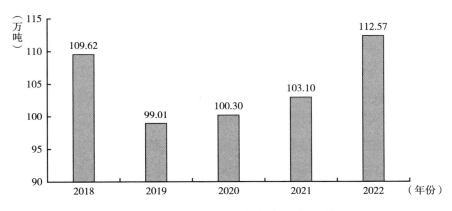

**图 4　2018～2022 年全省水产品产量状况**

资料来源：河北省农业农村厅。

## （二）食品工业

河北省食品工业涵盖农副食品加工业，食品制造业，酒、饮料和精制茶制造业，烟草制品业四大门类、21 个中类、64 个小类。

### 1. 产业规模

2022 年全省规模以上食品工业企业 1258 家（较 2021 年增加 102 家），实现营业收入 4354.53 亿元，同比增长 6%，占全省工业营业收入的 8.31%，居全国第 8 位；营业成本为 3674.46 亿元，同比增长 5.2%；实现利润总额 148.5 亿元，同比增长 5.5%，占全省利润总额的 11.77%。规模以上食品工业增加值同比增长 6.9%，高于全省增长速度 1.4 个百分点，占全省工业的 6.8%。其中，农副食品加工业同比下降 3.0%；食品制造业同比增长 16%；酒、饮料和精制茶制造业同比增长 11%；烟草制品业同比增长 9.2%。

2. 主要产品产量完成情况

在入统的 32 种产品中，2022 年有 17 种产品产量为正增长，占统计品种的 53.13%，小麦粉、大米、成品糖、熟肉制品、乳制品、膨化食品、营养保健食品、发酵酒精、冷冻蔬菜、葡萄酒、速冻米面食品、包装饮用水、蛋白饮料、果汁和蔬菜汁类饮料产量负增长（见表 1）。

表 1　2022 年全省各类食品 12 月及全年主要经济指标

| 产品名称 | 计量单位 | 12 月产量 | 12 月同比增速（%） | 全年产量 | 全年增速（%） |
|---|---|---|---|---|---|
| 焙烤松脆食品 | 万吨 | 0.11 | 23.1 | 8.65 | 761.8 |
| 冷冻饮品 | 万吨 | 0.79 | 151.5 | 8.05 | 28.2 |
| 方便面 | 万吨 | 3.80 | 14.0 | 42.25 | 24.2 |
| 食品添加剂 | 万吨 | 2.89 | −16.9 | 34.4 | 21.7 |
| 酱油 | 万吨 | 0.41 | −17.6 | 4.58 | 18.3 |
| 罐头 | 万吨 | 2.04 | −1.6 | 17.92 | 10.0 |
| 糖果 | 万吨 | 0.98 | 0.9 | 9.22 | 7.5 |
| 冻肉 | 万吨 | 1.75 | −9.3 | 21.43 | 3.4 |
| 冷冻水产品 | 万吨 | 1.19 | 6.4 | 6.01 | 3.2 |
| 饮料 | 万吨 | 42.58 | −0.4 | 549.34 | 2.4 |
| 　其中:碳酸型饮料 | 万吨 | 4.81 | 14.4 | 64.8 | 15.8 |
| 　　包装饮用水 | 万吨 | 13.16 | 38.1 | 220.95 | −0.4 |
| 　　果汁和蔬菜汁类饮料 | 万吨 | 3.12 | −31.0 | 49.55 | −8.8 |
| 　　蛋白饮料 | 万吨 | 2.81 | −8.8 | 24.17 | −10.2 |
| 饮料酒 | 万千升 | 16.24 | −2.9 | 204.57 | 1.5 |
| 　其中:白酒(折65度,商品量) | 万千升 | 2.16 | 24.7 | 14.22 | 3.0 |
| 　　啤酒 | 万千升 | 12.93 | −4.1 | 182.35 | 1.7 |
| 　　葡萄酒 | 万千升 | 0.33 | −50.6 | 2.46 | −32.9 |
| 　　果酒及配制酒 | 万千升 | 0.08 | −74.4 | 2.12 | 62.9 |
| 鲜、冷藏肉 | 万吨 | 19.0 | −0.9 | 202.96 | 1.2 |
| 食醋 | 万吨 | 0.63 | −18.2 | 6.79 | 1.0 |
| 味精 | 万吨 | 0.15 | 12.2 | 1.42 | 1.0 |
| 精制食用植物油 | 万吨 | 25.14 | −17.4 | 257.12 | 0.3 |

| 产品名称 | 计量单位 | 12月产量 | 12月同比增速(%) | 全年产量 | 全年增速(%) |
|---|---|---|---|---|---|
| 卷烟 | 万吨 | 29.02 | −17.1 | 792.36 | 0.0 |
| 乳制品 | 万吨 | 31.99 | −9.5 | 389.71 | −1.9 |
| 成品糖 | 万吨 | 3.62 | 404.9 | 47.24 | −4.3 |
| 冷冻蔬菜 | 万吨 | 0.53 | −9.0 | 11.11 | −4.6 |
| 熟肉制品 | 万吨 | 1.1 | −18.7 | 12.0 | −8.4 |
| 大米 | 万吨 | 5.14 | −22.3 | 51.31 | −9.0 |
| 营养保健食品 | 万吨 | 0.19 | −26.0 | 1.62 | −11.5 |
| 发酵酒精(折96度,商品量) | 万千升 | 0.94 | 18.2 | 5.03 | −13.5 |
| 速冻食品 | 万吨 | 2.32 | −12.5 | 21.18 | −14.0 |
| 其中:速冻米面食品 | 万吨 | 0.58 | −6.5 | 4.45 | −2.0 |
| 小麦粉 | 万吨 | 95.73 | −11.4 | 1098.15 | −14.7 |
| 膨化食品 | 万吨 | 0.03 | −62.1 | 0.52 | −53.5 |

资料来源:河北省工业和信息化厅。

### 3. 产业分布情况

小麦粉和方便面生产企业主要集中在邯郸、邢台、保定 3 市;精制食用植物油加工企业主要分布在石家庄、秦皇岛、廊坊和衡水 4 市;乳制品企业现已完成全省布局,除秦皇岛市以外,其他 10 个市都有分布;大型肉类加工企业主要分布在石家庄、邯郸、廊坊、唐山、秦皇岛 5 市;白酒大型企业主要分布在邯郸、衡水、保定、承德、沧州 5 市;啤酒企业主要分布在张家口、唐山、衡水、石家庄 4 市;葡萄酒企业主要分布在秦皇岛(昌黎产区)、张家口(怀涿产区) 2 市;植物蛋白饮料和含乳饮料企业主要分布在石家庄、衡水、承德、沧州 4 市;海洋食品企业继续向秦皇岛、唐山、沧州等沿海地区集中;畜禽加工企业向石家庄、邢台、邯郸、保定等畜禽主产养殖区集中;果蔬加工企业向环京津地市和太行山沿线等区域集中或转移;豆制品企业主要分布在保定(高碑店市);调味品企业主要分布

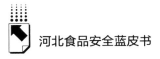

在石家庄、保定、廊坊、邯郸4市；卷烟企业分布在保定、石家庄、张家口3市。

### 4. 技术创新和品牌创建情况

不断推进食品行业科技创新。河北省食品行业获2022年中国食协科技进步奖一等奖的项目有君乐宝乳业集团有限公司的"悦鲜活新型乳制品开发"、河北同福健康产业有限公司等单位的"中央厨房营养餐创制关键技术及产业化应用"、今麦郎食品股份有限公司等单位的"高离散高复水非油炸方便面加工关键技术与产业化"、河北古顺酿酒股份有限公司的"六粮兼香绵柔舒爽风格白酒的生产技术研究与应用"；获二等奖的项目有河北养元智汇饮品股份有限公司的"全核桃CET冷萃核桃乳工艺技术研究与应用"、河北新希望天香乳业有限公司的"新型引用型酸奶风味控制与改善关键技术研究"、河北邯郸丛台酒业股份有限公司的"浓香型低度高品质白酒生产技术开发与应用"；获三等奖的项目有十里香股份公司的"国香25十里香白酒生产技术"。科技创新领军人物有河北衡水老白干酒业股份有限公司的王占刚，河北邯郸丛台酒业股份有限公司的李鹏亮、杨军山，君乐宝乳业集团有限公司的袁庆彬；杰出人才有河北养元智汇饮品股份有限公司的王俊转、齐兵，河北古顺酿酒股份有限公司的王爱军、武志强，河北新希望天香乳业有限公司的高宝龙，君乐宝乳业集团有限公司的康志远，河北邯郸丛台酒业股份有限公司的张建功；获得河北省科技厅科技进步奖的项目有河北同福健康产业有限公司等单位的"功能性碗粥生产关键技术开发及产业化应用"、河北科技大学等单位的"山楂活性物质分级提取与综合利用关键技术开发应用"。

河北省食品品牌影响力不断提升，现已培育形成衡水老白干、今麦郎、三河汇福等九大领军企业，拥有中国驰名商标51个、河北省知名品牌233个，保有中华老字号20项，有包括今麦郎、养元智汇、君乐宝、老白干等 106 个特色品牌。

在河北省工业和信息化厅的支持下，省食品工业协会组织全省白酒行业打造的冀酒项目于 2022 年 5 月立项。省食品工业协会以"品质强基、品格铸魂、品牌逐梦，让河北人自豪地喝家乡酒"为目标，开展了一系列工作，举办全省白酒评委培训，以盲评形式对全省 29 家企业的 46 款产品进行品评，结合综合实力评价，评选出河北省白酒领军品牌企业 8 家、河北省白酒优势品牌企业 11 家、河北省白酒特色品牌企业 8 家（见表 2）。

表 2　河北省白酒行业领军、优势、特色品牌企业（27 家）名单

| 品牌类别 | 企业名称 |
| --- | --- |
| 河北省白酒领军品牌企业（8 家） | 河北衡水老白干酒业股份有限公司 |
| | 河北山庄老酒股份有限公司 |
| | 河北邯郸丛台酒业股份有限公司 |
| | 承德乾隆醉酒业有限责任公司 |
| | 十里香股份公司 |
| | 刘伶醉酿酒股份有限公司 |
| | 河北古顺酿酒股份有限公司 |
| | 河北凤来仪酒业有限公司 |
| 河北省白酒优势品牌企业（11 家） | 廊坊昊宇酿酒有限公司 |
| | 河北兴台酒业集团有限责任公司 |
| | 河北裕升庆酿酒有限公司 |
| | 保定五合窖酒业有限公司 |
| | 石家庄市制酒厂有限公司 |
| | 承德清宫酿坊白酒制造有限公司 |
| | 沧州御河酒业有限公司 |
| | 昌黎地王酿酒有限公司 |
| | 河北滴溜酒业有限公司 |
| | 邯郸永不分梨酒业股份有限公司 |
| | 承德九龙醉酒业股份有限公司 |

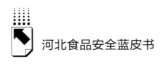
续表

| 品牌类别 | 企业名称 |
|---|---|
| 河北省白酒特色品牌企业（8家） | 衡水甘陵酒业有限公司 |
| | 唐山百姓梦酒业有限公司 |
| | 河北女娲赐醪酒业有限公司 |
| | 河北宋祖酒业有限公司 |
| | 承德县康乾酒业有限公司 |
| | 河北将军岭酒业有限公司 |
| | 河北海生集团太行酿酒有限公司 |
| | 香河第一城酒业有限公司 |

资料来源：河北省工业和信息化厅。

## （三）食品经营主体

截至2022年底，全省食品经营环节取得食品经营许可和备案的主体共540646家。其中，取得食品经营许可（销售类）的有340717家，取得食品经营许可（餐饮类）的有151283家，取得仅销售预包装食品备案的有48646家（见表3）。按规划分，营业面积在1000平方米以上的食品销售企业有2461家、餐饮服务企业有2184家；营业面积在500～1000平方米的食品销售企业有2662家、餐饮服务企业有5282家；营业面积在500平方米以下的食品销售经营者有384240家、餐饮服务经营者有143817家。

全省食品"三小"（食品小作坊、小餐饮、小摊点）备案登记275334家。其中，食品小作坊23414家、小餐饮174579家、小摊点77341家。

省级共完成网络餐饮第三方平台备案55家、网络食品交易第三方平台备案7家。各市共完成网络餐饮服务第三方平台的分支机构和代理机构备案323家、自建网站备案17家。全年食品经营环节质量安全状况良好，未发生区域性、系统性食品安全事件。

表3　2022年区域划分各类主体分布

单位：家

| 区域 | 食品经营许可（销售类） | 食品经营许可（餐饮类） | 仅销售预包装食品备案 | 合计 |
|---|---|---|---|---|
| 石家庄 | 49927 | 19956 | 10633 | 80516 |
| 承德 | 22922 | 10918 | 1964 | 35804 |
| 张家口 | 28564 | 10998 | 1553 | 41115 |
| 唐山 | 39471 | 14663 | 5133 | 59267 |
| 秦皇岛 | 19681 | 8999 | 1955 | 30635 |
| 廊坊 | 25746 | 15117 | 3526 | 44389 |
| 保定 | 39015 | 18171 | 7538 | 64724 |
| 沧州 | 26246 | 12871 | 3430 | 42547 |
| 衡水 | 19466 | 9597 | 1903 | 30966 |
| 邢台 | 27542 | 9807 | 2996 | 40345 |
| 邯郸 | 32437 | 15994 | 4682 | 53113 |
| 雄安新区 | 5636 | 1942 | 1206 | 8784 |
| 定州 | 1982 | 963 | 1411 | 4356 |
| 辛集 | 2082 | 1287 | 716 | 4085 |
| 总计 | 340717 | 151283 | 48646 | 540646 |

资料来源：河北省市场监督管理局。

## 二　食品质量安全概况

2022年河北省食品质量安全状况总体良好，食用农产品、加工食品、食品相关产品监督抽验合格率继续保持较高水平，全省食品安全形势平稳。

### （一）粮食质量安全状况

#### 1.新收获粮食质量监测情况

2022年全省共检验新收获粮食样品4317份，其中小麦1705份、玉米2451份、稻谷50份、花生97份、葵花籽14份，覆盖全省138个县（市、区）2129个村。从总样品中随机抽取1288份样品，检验主要食品安全指标。从监测结果来看，2022 年新收获粮食总体质量较好，质量指标全部合格，检出 9 份玉米样品食品安全指标超标（4 份样品呕吐毒素和玉米赤霉烯酮均超标，1 份样品呕吐毒素超标，4 份样品玉米赤霉烯酮超标）。按超标样品数量的 2 倍扩大采样范围重新扦样复检，真菌毒素指标全部合格。

2. 库存粮食质量监测情况

2022 年全省共扦取地方政策性库存粮食样品 203 份，其中小麦 170 份、粳稻谷 3 份、玉米 25 份、植物油 5 份。经检验，抽查粮食质量达标率为 93.4%，粮食储存品质宜存率为 100%，植物油质量合格率为 100%，食品安全样品检测合格率为 100%。

## （二）种养殖环节食用农产品质量安全状况

2022 年河北省对 11 个设区市、定州和辛集 2 个直管市、雄安新区开展监测工作，共抽检种植产品、畜禽产品和水产品三大类产品 142 个品种 185 项参数 26465 个样品，总体抽检合格率为 99.6%，同比上升 0.3 个百分点（见图 5）。

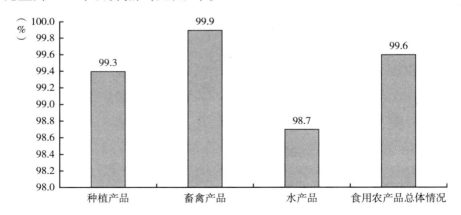

**图 5　2022 年全省食用农产品质量安全监测合格率**

资料来源：河北省农业农村厅。

种植产品抽检蔬菜、水果共 71 个品种 13607 个样品，监测参数 100 个，检出不合格样品 92 个，合格率为 99.3%。在农产品质量安全例行监测中，水果抽检合格率为 100%、蔬菜抽检合格率为 99.3%（见图 6）。

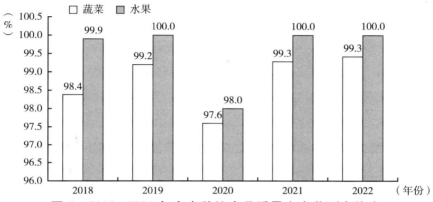

图 6　2018～2022 年全省种植产品质量安全监测合格率

资料来源：河北省农业农村厅。

畜禽产品抽检猪肉（肝）、牛肉（肝）、羊肉（肝）、鸡蛋、鸡肉、生鲜乳 6 类产品，监测 β-受体激动剂等十大类兽药残留和 48 项违禁添加物质，监测样本 11494 批，共检出不合格样品 9 批，抽检合格率为 99.9%，同比上升 0.2 个百分点（见图 7）。

水产品监测共选取 1364 个样品的 28 项参数，抽检任务包括省检中心 500 个（例行监测 400 个、监督抽查 100 个）、省级下达 625 个（风险监测 328 个、监督抽查 297 个）、省级委托第三方风险监测 239 个，共检出 18 个样品不合格，抽检总体合格率为 98.7%（见图 8）。

（三）生产经营环节食品质量安全状况

2022 年，全省市场监管部门开展的食品安全监督抽检包括四级五类任务：国家市场监管总局交由河北省承担的国家监督抽检任务［国抽（转地方），以下简称"国抽"］；省本级监督抽检任务（以下简称

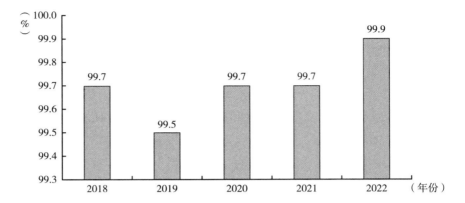

**图7　2018~2022年全省畜禽产品质量安全监测合格率**

资料来源：河北省农业农村厅。

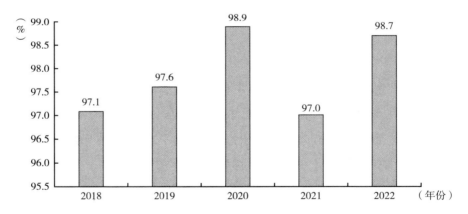

**图8　2018~2022年全省水产品质量安全监测合格率**

资料来源：河北省农业农村厅。

"省抽"）；食用农产品专项抽检任务（国家总局统一部署，市县两级承担，以下简称"农产品专项"）；市本级监督抽检任务（以下简称"市抽"）；县本级监督抽检任务（以下简称"县抽"）。2022年，国抽、省抽、农产品专项、市抽、县抽共监督抽检样品386225批次，其中实物合格样品378891批次，实物合格率为98.10%（见表4）。

表4 河北省各级监督抽检任务完成情况

单位：批次，%

| 序号 | 任务类别 | 监督抽检样品 | 实物合格样品 | 实物合格率 |
|---|---|---|---|---|
| 1 | 国抽 | 8746 | 8537 | 97.61 |
| 2 | 省抽 | 17707 | 17424 | 98.40 |
| 3 | 农产品专项 | 49108 | 47156 | 96.03 |
| 4 | 市抽 | 74472 | 73074 | 98.12 |
| 5 | 县抽 | 236192 | 232700 | 98.52 |
| | 合计 | 386225 | 378891 | 98.10 |

资料来源：河北省市场监督管理局。

全省食品监督抽检涵盖了食用农产品、加工食品、餐饮食品、食品相关产品4种形态，包括34个类别和其他食品。

其中，31个类别食品和其他食品实物合格率超过98%。茶叶及相关制品、乳制品、保健食品、婴幼儿配方食品、食品添加剂、特殊膳食食品、可可及焙烤咖啡产品、特殊医学用途配方食品8个食品大类和其他食品实物合格率达100%（见图9）。

1. 加工食品

2022年，全省共监督抽检加工食品171781批次，检出实物不合格样品789批次，涉及56个不合格项目837项次。其中，食品添加剂383项次、质量指标221项次、其他微生物（非致病微生物）120项次、真菌毒素48项次、致病微生物36项次、重金属等元素污染物14项次、有机污染物8项次、其他污染物3项次、其他生物2项次、禁用兽药1项次，禁用农药1项次（见图10）。

2. 食用农产品

2022年，全省市场监管系统共监督抽检食用农产品192084批次，检出实物不合格样品4591批次，涉及73个不合格项目4774项次。其中亚类食用农产品不合格发现率由高到低分别为水产品4.44%、蔬菜2.88%、生干坚果与籽类食品2.77%、水果类1.82%、

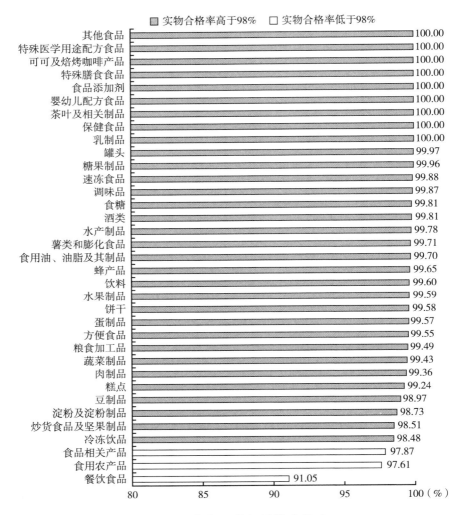

**图9　各类食品监督抽检合格率**

资料来源：河北省市场监督管理局。

鲜蛋 0.74%、畜禽肉及副产品 0.36%（见图11）。豆类、农-调味料、生乳和谷物未检出不合格样品。

按照不合格项目性质可分为 9 类。分别为农药残留 3152 项次、禁用农药 1071 项次、重金属等元素污染物 324 项次、兽药残留 148

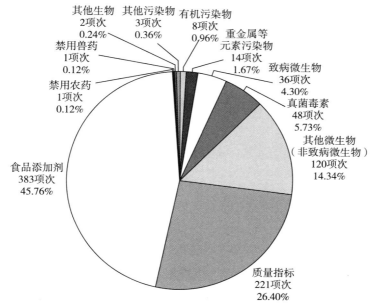

**图10　2022年河北省加工食品监督抽检不合格项次分析**

资料来源：河北省市场监督管理局。

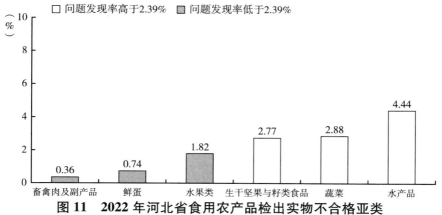

**图11　2022年河北省食用农产品检出实物不合格亚类**

资料来源：河北省市场监督管理局。

项次、禁用兽药44项次、质量指标21项次、真菌毒素9项次、食品添加剂3项次、其他污染物2项次（见图12）。

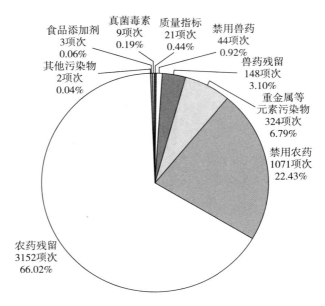

**图 12　2022 年河北省食用农产品监督抽检不合格项次分析**

资料来源：河北省市场监督管理局。

## （四）食品相关产品

截至 2022 年 12 月 31 日，全省食品相关产品发证企业 1195 家。其中塑料包装生产企业 1009 家，纸包装生产企业 98 家，餐具洗涤剂生产企业 73 家，工业和商用电热加工设备生产企业 15 家。从企业数量来看，河北省食品相关产品企业总数近 7 年呈逐步上升趋势，但其间经济下行压力较大，加上环保整治，2017～2019 年新增发证企业数量呈下降趋势，2020～2022 年新增发证企业数量再次上升；从企业总数来看，河北省企业仍处于平稳上升状态，发展状况良好。

2022 年，省级共抽查了 574 家企业生产的 865 批次产品，涉及 12 种产品，分别为非复合膜袋、复合膜袋、片材、编织袋、容器、工具、纸制品、餐具洗涤剂、金属制品、玻璃制品、日用陶瓷、工业和商用电动食品加工设备,其中8种产品实行生产许可证管理,4种产品(工业和商用电动食品加工设备、金属制品、玻璃制品、日用陶瓷)为非生产许可证管理产品。经检验,共发现27批次产品不合格,合格率为96.9%。

截至2022年12月31日,河北省全部特殊食品生产企业(8家婴幼儿配方乳粉生产企业、45家保健食品生产企业、1家特殊医学用途配方食品生产企业)食品安全总监及食品安全员全部到岗履职,覆盖率达100%,省市场监督管理局对食品安全总监实行"一证一表两书"(身份证、履历表、任命书、履职履责承诺书)管理;食品安全风险管控清单建立率达100%,"日管控、周排查、月调度"机制执行率达100%。

## (五)进出口食品

2022年,石家庄海关严格执行海关总署下达的《2022年度进出口食品、食用农产品、化妆品安全监督抽检和风险监测计划》,承担进口食品监督抽检、出口食品监督抽检、跨境电商进口食品风险监测、出口动物源性食品安全风险监测、供港蔬菜专项监测5项任务。省市场监管部门根据全省业务实际情况,制定具体实施方案,按照布控指令对进出口食品实施监督抽检,规范实施抽样、送检及实验室检验检测,年度抽检任务规范全部执行到位,共有17类食品中的153项次有检出,未发现不合格样品。全省未发生区域性、系统性进出口食品安全重大事件,总体质量安全情况良好。

## (六)食源性疾病监测情况

### 1. 食源性疾病病例监测

全省2565家医疗机构开展食源性疾病病例监测,共监测报告食

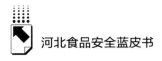
源性疾病病例 42820 例，其中 99.95% 的病例自诉了可疑暴露食品信息。

按时间分布，高峰出现在夏季的 6~8 月，这 3 个月病例数量占全年病例数量的 50.2%。按年龄分布，35~44 岁的病例数最多，占比为 15.9%。按症状分布，具有消化系统症状的病例最多，发生率为 92.4%。按病例暴露食品分布，水果类及其制品最多，占可疑食品暴露病例的 17.12%；暴露食品达到 10% 以上的依次为粮食及其制品、肉与肉制品、蔬菜类及其制品。按进食场所分布，家庭所占比例最高，达 80.62%。

**2. 食源性疾病暴发监测**

全省通过食源性疾病事件监测系统报告食源性疾病事件 64 起，发病 298 人，无死亡病例。报告的食源性疾病事件中，不明原因报告数最多，报告 32 起；导致不明原因事件数报告较多的原因多为临床表现不典型、无剩余食品、没有及时就诊、就诊前已服抗生素等。

按时间分布，第三季度发生食源性疾病事件数和发病人数最多，报告 30 起，占所有报告数的 46.9%；发病 139 人，占总发病人数的 46.6%。按暴发场所分布，发生于家庭的报告数和发病人数最多，报告 37 起、占所有报告数的 57.8%，发病 119 人、占总发病人数的 39.9%；餐饮服务单位报告 5 起、占所有报告数的 7.8%，发病 54 人、占总发病人数的 18.1%；学校报告 4 起、占所有报告数的 6.3%，发病 39 人，占总发病人数的 13.1%。

**3. 食源性疾病主动监测**

27 家哨点医院开展病原学主动监测工作，共采集以腹泻症状为主诉就诊的门诊病例标本 3618 份，检出阳性标本 339 份，阳性检出率为 9.4%。

## （七）省级抽检监测中发现的主要问题及原因分析

### 1. 省级农产品、食用林产品监测情况

2022年河北省对11个设区市、定州和辛集2个直管市、雄安新区开展监测工作，共抽检种植产品、畜禽产品和水产品三大类产品142个品种185项参数26465个样品，总体抽检合格率99.6%。其中，种植产品抽检合格率为99.3%，畜禽产品抽检合格率为99.9%，水产品抽检合格率为98.7%。发现的问题及原因分析如下。一是种植产品中违规使用农药问题依然存在，毒死蜱、克百威、灭多威、甲拌磷、氟虫腈、氧乐果等禁限用农药依然有检出，占超标项次的27.8%，噻虫胺、阿维菌素、腐霉利等常规农药超标情况仍然存在。违规使用禁限用农药是影响种植产品质量安全的主要原因。二是畜禽产品中，蛋鸡非法使用氟苯尼考、金刚烷胺的现象仍较为突出，肉羊养殖过程中存在超量使用恩诺沙星、环丙沙星现象，鸡蛋非法添加氟苯尼考、金刚烷胺现象依然存在。其中，肉羊养殖违规使用恩诺沙星、环丙沙星是影响畜禽产品质量安全的主要原因。三是水产品中禁用化合物孔雀石绿、氯霉素、呋喃西林代谢物和停用药物氧氟沙星仍能检出，常规药物恩诺沙星、环丙沙星超标问题依然存在。禁用药物孔雀石绿、呋喃西林代谢物，停用药物氧氟沙星，常规药物恩诺沙星、环丙沙星超标是影响河北省水产品抽检合格率的主要因素。

2022年全省食用林产品质量风险监测全年共抽检样品1000批次，合格1000批次，合格率为100%，食用林产品质量安全形势总体呈平稳态势。抽检出农药残留的样品395批次，农残检出率虽然都在国家规定的限量标准范围内且处于低水平，但仍有部分食用林产品农残检出率较高。其中农残检出率100%的样品有枣、金银花、柿子；农药检出率在80%以上的样品有桑葚、山楂、杏、茶

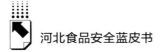

叶。食用杏仁、核桃、板栗、榛子等品种农残检出率较低，分别是16.67%、13.04%、5.26%、0。发现的问题及原因分析如下。一是金银花、枣、柿子、茶叶、桑葚等林产品主要食用部分为裸露在外的果皮，农药喷洒后与果皮直接接触，如果喷洒时间太晚，农药分解不彻底，易造成农药残留检出率较高。二是个别生产者食用林产品质量安全责任意识有待进一步加强，过量使用农药、化肥或用药间隔较短现象依然存在，生物综合防治病虫害技术推广力度有待进一步加大。三是现有监管力量薄弱，特别是基层食用林产品监管力量不足、经费短缺、手段落后等问题依然存在，技术服务水平和监测能力有待进一步提升。

**2. 省级市场监管部门抽检监测发现问题及原因**

加工食品实物不合格主要有 5 个方面的原因。一是产品配方不合理或未严格按配方投料，食品添加剂超范围或超限量使用。二是不合格原料带入，成品贮存不当、产品包装密封不良等原因导致产品变质。例如粮食加工品中玉米赤霉烯酮超标，部分食品的酸价、过氧化值不合格，蔬菜干制品重金属超标等。三是生产、运输、贮存、销售等环节卫生防护不良，食品受到污染导致微生物指标超标。四是使用塑料材质设备或生产过程控制不当。例如白酒、植物油和糖果的生产贮存使用含塑料材质设备导致塑化剂超标；植物油原料炒制温度过高导致苯并 [a] 芘超标等。五是减少关键原料投入、人为降低成本导致的品质指标不达标。例如酱油的氨基酸态氮不合格，冰激凌的蛋白质不合格，味精中的谷氨酸钠含量与标签明示值不符等。

食用农产品不合格主要有 4 个方面的原因。一是蔬菜和水果类产品在种植环节违规使用禁限用农药。二是水质污染和（或）土壤污染生物富集导致水产品和蔬菜中重金属等元素污染物超标。三是畜禽肉及副产品、水产品和鲜蛋在养殖环节违规使用禁限用兽药。四是畜禽肉及副产品和水产品贮存条件不当导致挥发性盐基氮超标；生干坚果与籽类产品贮存或运输不当导致真菌毒素、酸价超标。

# 三　投诉举报情况

2022 年全省"12315"（包含电话、互联网平台、微信等渠道）共接收食品类投诉举报 131385 件，其中投诉 85884 件，举报 45501 件；已受理 72293 件，受理率 55.02%（见表 5 和表 6）。

**表 5　全省食品类投诉举报接收总量和受理情况**

单位：件，%

| 类别 | 名称 | 接收总数 | 已受理 | 受理率 |
|------|------|---------|--------|--------|
| 商品类 | 一般食品 | 86062 | 48423 | 56.27 |
| | 酒、饮料 | 11794 | 6970 | 59.10 |
| | 保健食品 | 2997 | 1289 | 43.01 |
| | 婴幼儿配方食品 | 382 | 243 | 63.61 |
| | 特殊医学用途配方食品 | 90 | 30 | 33.33 |
| 服务类 | 餐饮服务 | 30060 | 15338 | 51.02 |

资料来源：河北省市场监督管理局。

**表 6　全省食品类投诉举报情况**

单位：件

| 名称 | 投诉 | 举报 |
|------|------|------|
| 一般食品 | 58891 | 27170 |
| 酒、饮料 | 8179 | 3615 |
| 保健食品 | 1528 | 1469 |
| 婴幼儿配方食品 | 323 | 59 |
| 特殊医学用途配方食品 | 49 | 41 |
| 餐饮服务 | 16914 | 13147 |
| 合计 | 85884 | 45501 |

资料来源：河北省市场监督管理局。

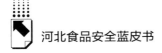
从信息接收渠道来看，电话 70196 件，占比为 53.43%；App 20486 件，占比为 15.59%；互联网平台 17210 件，占比为 13.10%；微信小程序 18817 件，占比为 14.32%；公众号 2217 件，占比为 1.69%；来函 953 件，占比为 0.73%；支付宝小程序 978 件，占比为 0.74%；百度小程序 290 件，占比为 0.22%；其他 171 件，占比为 0.13%；来人 65 件，占比为 0.05%；传真和短信各有 1 件（见图 13）。

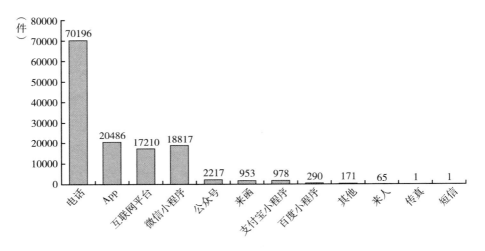

**图 13 接收信息来源分布**

资料来源：河北省市场监督管理局。

按区域划分，信息接收数量前 3 名分别是石家庄（31775 件）、保定（14638 件）、邢台（13718 件），分别占全省接收总量的 24.18%、11.14% 和 10.44%，3 市接收量共 60131 件，占全省总量的 45.77%（见表 7）。

**表 7 各市食品类投诉举报接收情况**

单位：件，%

| 序号 | 单位 | 接收量 | 占全省接收总量的比重 |
|---|---|---|---|
| 1 | 石家庄 | 31775 | 24.18 |
| 2 | 保定 | 14638 | 11.14 |

| 序号 | 单位 | 接收量 | 占全省接收总量的比重 |
| --- | --- | --- | --- |
| 3 | 邢台 | 13718 | 10.44 |
| 4 | 唐山 | 13325 | 10.14 |
| 5 | 沧州 | 13062 | 9.94 |
| 6 | 张家口 | 8972 | 6.83 |
| 7 | 廊坊 | 8842 | 6.73 |
| 8 | 邯郸 | 6725 | 5.12 |
| 9 | 秦皇岛 | 6504 | 4.95 |
| 10 | 承德 | 5924 | 4.51 |
| 11 | 衡水 | 5007 | 3.81 |
| 12 | 定州 | 1085 | 0.83 |
| 13 | 辛集 | 986 | 0.75 |
| 14 | 雄安新区 | 822 | 0.63 |

资料来源：河北省市场监督管理局。

## （一）投诉热点分析

### 1. 商品类投诉分析

一般食品类共接收投诉 58891 件，占食品类投诉总数的 68.57%，主要涉及烘焙食品（7849 件）、肉及肉制品（5762 件）、乳制品（3375 件）、方便食品（3206 件）、米面制品（2864 件）（见图 14），反映的主要问题为食品变质、有异味、有异物、过期等。

酒、饮料类共接收投诉 8179 件，占食品类投诉总数的 9.52%，涉及非酒精饮料（3912 件）、酒精饮料（2669 件）、茶（1357 件）、咖啡和可可（241 件）（见图 15），反映的主要问题为食品有异物、有异味、过期。

保健食品类共接收投诉 1528 件，占食品类投诉总数的 1.78%，反映的主要问题为虚假宣传、夸大产品功效等。

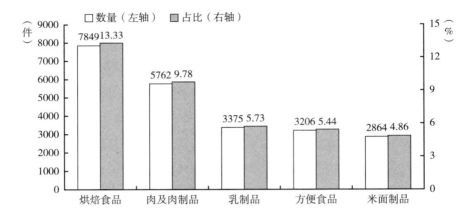

**图 14　一般食品投诉情况**

资料来源：河北省市场监督管理局。

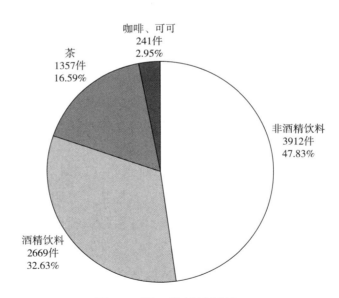

**图 15　酒、饮料投诉情况**

资料来源：河北省市场监督管理局。

### 2.服务类投诉分析

餐饮服务共接收投诉 16914 件，占食品类投诉总数的 19.69%，主要涉及餐馆服务（11042 件）、餐饮配送服务（1299 件）、小吃店服务（1062 件）、快餐厅服务（801 件）、宾馆餐饮服务（417 件）（见图 16），反映的主要问题为饭店无证经营、饭菜内有异物（毛发、虫子等）、就餐后出现身体不适等。

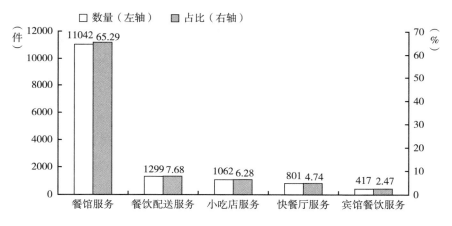

**图 16　餐饮服务投诉情况**

资料来源：河北省市场监督管理局。

## （二）举报热点分析

### 1.商品类举报分析

一般食品类共接收举报 27170 件，占食品类举报总数的 59.71%。主要涉及肉及肉制品（2645 件）、烘焙食品（2390 件）、蔬菜（2314 件）、水果（1236 件）、米面制品（1110 件）（见图 17），反映的主要问题为食品有异物、过期、价格高、水果发霉变质等。

酒、饮料类共接收举报 3615 件，占食品类举报总数的 7.94%，涉及非酒精饮料（1557 件）、酒精饮料（1474 件）、茶（519 件）、

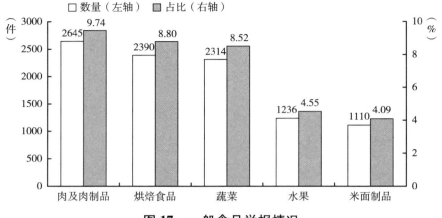

**图 17　一般食品举报情况**

资料来源：河北省市场监督管理局。

咖啡和可可（65 件）（见图 18），反映的主要问题为茶叶夸大宣传、有异物等。

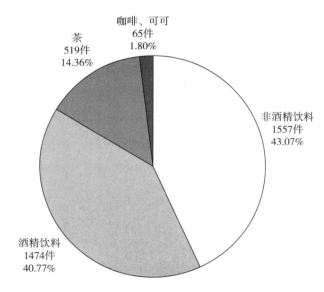

**图 18　酒、饮料举报情况**

资料来源：河北省市场监督管理局。

保健食品类共接收举报 1469 件，占食品类举报总数的 3.23%，反映的主要问题为夸大宣传产品的功效。

2.服务类举报分析

餐饮服务共接收举报 13147 件，占食品类举报总数的 28.89%，主要涉及餐馆服务（7872 件）、小吃店服务（1072 件）、食堂服务（1057 件）、餐饮配送服务（964 件）、快餐厅服务（437 件）（见图 19），反映的主要问题为食品变质、饭菜内有异物、就餐后出现身体不适、就餐环境不卫生等。

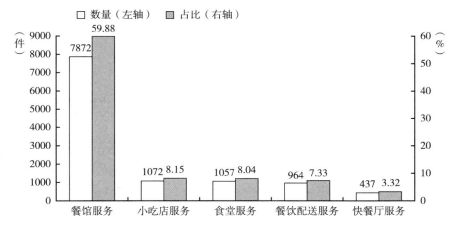

图 19　餐饮服务举报情况

资料来源：河北省市场监督管理局。

（三）投诉举报主要问题

1.生产环节

一是生产场所不能保持应当具备的环境条件、卫生要求，生产人员未取得人员健康证明。二是违法使用不合格原材料和辅料，如过期、失效、变质、污秽不洁、回收、受到其他污染的食品。三是违法使用或滥用食品添加剂、非法添加非食用物质。四是无证生产。

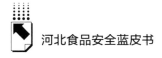

### 2. 流通环节

一是经营场所环境条件恶劣，餐具清洗消毒不当，经营人员未取得人员健康证明。二是商家销售腐败变质、霉变生虫、污秽不洁、混有异物、掺杂掺假的食品，导致消费者出现身体不适等问题。三是一些商家伪造、涂改或者虚假标注生产日期和保质期，且销售超过保质期及"三无"食品。四是无证经营。

### （四）问题及建议

第一，坚决查处和打击生产、销售、使用非法食品添加物的行为，同时整顿违法添加非食用物质和滥用食品添加剂的行为，严格执行食品添加剂生产许可制度。

第二，打击制售假冒伪劣食品、使用非食品原料和回收食品生产加工食品的行为；强化对食品生产加工环节的监管与整顿，督促企业建立健全食品可追溯制度和食品召回制度。

第三，对生产场所进行不定期检查，对未达到卫生标准的经营场所进行通报和整顿。

第四，建立健全投诉举报机制，鼓励消费者及时维权，针对消费者反馈的问题及时核实并按规定进行处罚和整改。

第五，对食品流通环节开展专项执法检查，加大食品市场分类监管和日常巡查力度，严厉打击销售过期变质、假冒伪劣和不合格食品的违法行为。

## 四 食品案件查办情况

2022 年河北省各级市场监管部门共查办各类食品安全违法案件 27864 件，涉案货值 2244.82 万元，罚没金额共计 1.34 亿元，移送公安机关 301 件，向国家市场监管总局申报"石家庄市石兴氨基酸有限公司涉嫌未取得食品生产许可从事食品添加剂生产活动案"等 7 件总局执法稽查局挂牌督办案件，获总局挂牌督办案件 5 件，全国排名第 2。

全省各级市场监管部门开展面向未成年人无底线营销食品专项治理工作，检查电子商务平台 1350 个次，检查网络食品经营者 4513 户次，检查食品生产主体 3756 户次，查处各类无底线营销食品案件 1538 件，罚没金额 1085.68 万元，没收低俗营销食品 312.69 公斤。

省市场监督管理局组织两次罚没物品集中销毁活动。2022 年 7 月 26 日，组织开展 2022 年民生领域案件查办"铁拳"行动罚没物品集中销毁活动，在赵县集中销毁假冒伪劣食品等十大类共计 110 余吨侵权假冒伪劣商品。11 月 10 日，组织开展"保护知识产权　打击侵权假冒"2022 年侵权假冒伪劣商品销毁行动，现场集中销毁食品等十大类 190 多吨侵权假冒伪劣商品。省内各级市场监管部门积极开展罚没物品公开销毁活动，保定市市场监督管理局组织销毁 28 类 6 万余件假冒伪劣商品、石家庄市市场监督管理局组织销毁 35 类 72.46 吨假冒伪劣商品。

# 五　2022年食品安全工作措施成效

## （一）强化党政同责，坚持高位推动

省委、省政府高度重视食品安全工作，省委书记、省长落实食品安全党政同责，推动解决食品安全重大问题。省市县三级政府主要负责同志担纲食安委领导实现全覆盖。以省政府办公厅名义印发《食品安全工作评议考核实施办法》，进一步完善考评机制和指标体系，切实发挥好考核"指挥棒"作用。

倪岳峰书记多次对食品安全工作作出批示，提出明确要求，省委常委会会议专题研究部署；王正谱省长主持召开省食安委全体会议，理清工作思路，明确在全省开展农兽药残留超标、农用地土壤镉污染、网络订餐食品安全、学校食堂"互联网+明厨亮灶"提质增效四个专项整治工作，精准防控安全风险，坚决筑牢食品安全防线；董兆伟副省长多次开展食品安全实地调研工作，推动强化学校食品安全管理，有力有效组织推动各项重点工作任务落实到位。

省委、省政府将食品安全工作纳入跟踪督办内容，对地方党政领导干部履行食品安全职责情况开展巡视巡察；省纪委监委连续多年将食品安全领域腐败和作风问题列为民生领域专项整治工作重要内容；省食安办及食安委成员单位履职尽责，各负其责，全面落实食安委议定事项，各项工作不断取得新成效。

## （二）坚持源头治理，探索治本之策

制定发布《干制文冠果叶（花）》等 3 个食品安全地方标准，河北省现行有效的食品安全地方标准达到 9 个。持续提升食品安全企业标准备案管理水平，2022 年共备案食品安全企业标准 1356 个。着眼于源头防治农用地土壤镉等重金属污染，持续开展重金属行业企业污染源和历史遗留固体废物排查整治。完成全省耕地土壤环境质量类别划分，依法划定特定农产品禁止生产区。规范农业投入品使用，投用全省农药数字化监管平台，建成部级"减抗"达标养殖场 14 家、省级 278 家，居全国首位；梳理易超标药物清单，开展快速检测 80 万批次。全面推行食用农产品承诺达标合格证制度，强化追溯"六挂钩"机制落实，1.48 万家生产经营主体全部依托省平台实现电子追溯。强化产地准出市场准入衔接，推进农批市场食用农产品追溯系统应用，加强质量安全监管，倒逼生产经营者落实主体责任，严防问题产品流入市场。指导地方储备粮承储企业开展库存粮食质量全覆盖检查。

## （三）狠抓过程管控，严防严控风险

在食品生产企业全面推行 HACCP 体系认证，规模以上实现全覆盖，完成许可、飞行、体系"三项检查"。全省食品生产企业食品安全管理人员监督抽查考核覆盖率、合格率达 100%。开展党参等既是食品又是中药材物质的管理试点工作。深入开展食糖、食用植物油、包装饮用水、含金银箔粉食品、餐饮具集中清洗消毒等专项整治工作。持续深化保健食品行业专项清理整治，在经营环节深入开展"两查两专"暨示范创建工作。对食品生产经营单位全面实施风险分级管理，率先对大型食品销售企业、餐饮服务企业开展体系检查。开展制止餐饮浪费专项行动。实施餐饮质量安全提升三年行动，推进餐饮服务量化分级评定工作。在全国率先实施餐饮服务从业人员佩戴口罩规定。压实平台责任，强化网络餐饮监管，保证线上线下餐饮同标同质，"食安封签"覆盖率达 86%。实施校园食品安全提升工程，并将其列入省委、省政府 2023 年民生工程，全省建有食堂的 17183 所学校、102 家校外供餐单位实现"互联网+明厨亮灶"全覆盖，创建1000 家以上省级食品安全标准化学校食堂。实施旅游景区和高速服务区餐饮质量安全提升行动，打造 59 家省级食品安全放心单位。推进"千企万店共承诺守护质量保安全"行动和"放心肉菜超市"提升活动。开展进口食品"国门守护"行动，对境外输华水产品、肉类、蜂产品等食品生产企业开展注册（变更）评审 53 家次。

## （四）深化专项整治，保持高压态势

聚焦群众反映强烈问题，持续推进食品安全"守底线、查隐患、保安全"专项行动，召开 12 次专题调度会，针对多批次抽检不合格、非法添加和超范围超限量使用食品添加剂等突出问题，综合运用责任约谈、联合督导、通报考核、明察暗访、三项检查等手段，强力

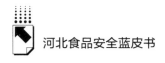

整治风险隐患。在衡水市举办河北省较大食品安全事故示范性应急演练，提升实战能力。先后组建30个检查组，持续开展明察暗访、督导检查，确保重大活动、节假日期间食品安全大事不出、小事也不出。

2022年，全省市场监管系统查办食品安全违法案件27864件，移交公安机关301件，罚没1.34亿元。全省农业农村部门查办农产品质量安全违法案件430件，移送公安机关15件。全省公安系统侦办食品犯罪案件898起，抓获犯罪嫌疑人1912名，捣毁黑工厂、黑窝点327个，涉案金额近6亿元。

### （五）夯实基础支撑，提升治理能力

持续强化投入保障，省级财政预算安排食品安全保障经费2.37亿元，为高质量推进食品安全工作提供坚实财力保障。推进智慧监管，完善食品监管综合系统、生产经营许可系统和食品追溯系统。加强"一老一小"食品监管，在现有8家婴配乳粉生产企业全部搭建可视化监管平台，省内特殊食品、乳制品和食盐生产企业体系检查实现全覆盖。推进全国食用农产品批发市场食品安全监管信息系统试点工作，农批市场食用农产品追溯系统应用实现全覆盖，推广跨界融合信息追溯、交易结算及智慧电子秤等系统应用，探索与农业农村部门数据共享。强化信用监管，利用企业基本情况、监督管理、社会监督3个维度16个方面96项记录信用信息，完整准确建立信用档案，有效实施信用联合惩戒。加强食品抽检监测，国省市县四级全年实现均衡抽检。建立健全预警机制，定期分析通报风险隐患。出台《食品安全核查处置五十条》，依托信息化平台强化检打联动。

### （六）加强协作配合，促进社会共治

省食安办每年做好省委、省政府向党中央、国务院报告年度食品

安全工作。用好评议考核和督导检查两个抓手，强化激励约束奖惩机制。每季度召开食安办主任和风险会商联席会议，跟踪督办、定期调度，梳理风险、明确举措，坚决防范区域性系统性风险。市场监管联合农业农村、公安等部门完善食安、农安、公安"三安联动"机制，加强协作配合。聘请包括孙宝国院士在内的55名专家学者组成省食安委专家委员会。每年携手院士专家编撰《河北食品安全研究报告》，组织开展全省食品安全宣传周活动，深化食品安全科普普法，建立舆情监测处置、谣言粉碎机制，积极构建全省大宣教工作格局。

河北省食品安全工作取得了一定成绩，但也要清醒地认识到，当前食品安全形势依然严峻，农兽药残留超标、重金属污染等源头问题仍然突出；食品安全违法犯罪问题屡打不绝，企业主体责任落实不到位等一些深层次矛盾依然存在；生鲜电商、网络订餐等网购消费量增长迅速，新业态新模式对监管提出新挑战；重点工作落实仍有不足，案例警示、暗访记录手段运用不够，学校食堂"互联网+明厨亮灶"存在视频监控死角、关键部位未能全覆盖等问题依然存在。上述问题的存在，既有客观原因，也有主观因素；有全国普遍性问题，也有河北个性问题；有产业特点，也有监管跟不上等原因。因此，全省要坚持以习近平新时代中国特色社会主义思想为指导，落实"四个最严"要求，立足"严"的主基调，稳中求进、守正出新，全力推进食品安全治理体系和治理能力现代化，努力实现2023年食品安全工作目标。

# 六　全面加强2023年食品安全工作

2023年是全面贯彻落实党的二十大精神的开局之年，全党正在深入开展学习贯彻习近平新时代中国特色社会主义思想主题教育，做好食品安全工作，要高举中国特色社会主义伟大旗帜，深入贯彻落实习近平总书记在河北考察时的重要讲话和重要指示精神，坚持稳中求

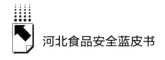
进的工作总基调，以"四个最严"为统领，以"时时放心不下"的
责任感和积极担当作为的精气神，撸起袖子加油干、风雨无阻向前
行，全力保障人民群众"舌尖上的安全"，奋力打造中国式现代化建
设河北篇章食品安全标杆。

### （一）开展河北省年度食品安全专项行动

围绕农兽药残留超标、农用地土壤镉污染、网络订餐食品安全、
学校食堂"互联网+明厨亮灶"提质增效等重点问题开展专项行动。

### （二）加强全过程质量安全控制

强化产地环境治理。加强耕地土壤污染源头防控，深入开展耕地
土壤重金属污染成因排查，持续推进农用地土壤重金属污染源头防治
行动。落实耕地分类管理制度，优化完善轻中度污染耕地安全利用措
施，加强技术指导，有效管控耕地土壤污染风险。持续推进化肥、农
药和兽用抗菌药减量行动，集成应用绿色防控技术，开展畜禽粪污资
源化利用，减少投入品过量使用，严防农业废弃物污染环境。

规范农业投入品使用。持续深入实施食用农产品"治违禁　控药
残　促提升"三年专项行动，聚焦11个重点品种，严打禁限用药物违
法使用行为，严控常规药物残留超标。开展豇豆农药残留突出问题攻
坚治理，加密上市期巡查检查和抽检频次。按照国家有关规定，逐步
推进克百威、灭多威、涕灭威、氧乐果4种高毒农药禁用管理措施的
落实。

严把粮食质量安全关。加大对政策性粮食出入库监督检查力度，
严格落实出库质量安全检验制度，严防不符合食品安全标准的粮食用
作食用用途。

加大监管力度。加强食品生产安全风险隐患排查，按照"一企
一档""一域一档""一品一策"原则，推动地方建立风险清单、措

施清单和责任清单。深入开展大型食品销售企业体系检查工作。推动贯彻落实《食品相关产品质量安全监督管理暂行办法》。加强冷链运输行为监管，提升冷链运输服务质量。

### （三）强化重点领域监管

加强校园食品安全监管。推动各地严格落实学校食品安全校长（园长）责任制。部署开展校园食品安全提升工程，推进"省级食品安全标准化学校食堂"创建，加快推进学校食堂"互联网+明厨亮灶"实现监控点位全面覆盖、加工过程全程公开、视频画面清晰可见。全面推进家校配合，鼓励家长参加学校食堂食品安全检查，有效实施社会监督。加快校外供餐单位智慧监管赋能，着力提升食品安全管理水平。开展开学季校园及周边食品安全监督检查，深入排查学校食堂加工制作过程不规范，校园周边销售过期食品、"三无"食品等食品安全风险隐患。

加强网络餐饮服务食品安全监管。加强与网络餐饮服务平台企业对接，明确双方责任义务，增强工作合力。加大对入网餐饮服务提供者的线下监督检查力度。将网络餐饮食品及食品相关产品列入监督抽检计划，加大对平台上销量大的"网红"店铺、"网红"食品以及高风险食品的抽检力度，及时曝光违法违规行为。会同平台企业强化网络餐饮配送环节管理，加强网络餐饮"食安封签"推广使用工作，实现"食安封签"使用全覆盖。加强对入网餐饮服务提供者的教育培训。

严格保健食品监管。持续推进特殊食品生产企业体系检查，督促企业严把产品质量关，保证产品和食品安全标准。巩固保健食品行业专项清理整治成果，促进保健食品行业规范、健康发展。大力整治保健食品虚假宣传，规范市场经营秩序。加强保健食品标签标志说明管理，增强群众识骗防骗意识，保障消费者合法权益。

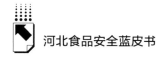
加强农村食品安全监管。持续深化农村食品安全综合治理，严厉打击制售"三无"食品、假冒食品、过期食品等违法违规行为，进一步巩固前期农村假冒伪劣食品整治成效，强化部门协作，推动大型食品企业建立农村地区统一配送渠道，提高农村市场食品供应和质量安全水平。

提升餐饮质量安全水平。支持餐饮服务企业发展连锁经营和中央厨房，提升餐饮行业标准化水平，规范快餐、团餐等大众餐饮服务。探索推广厨余垃圾处理技术和标准，指导各地提升厨余垃圾无害化处理和资源化利用水平。

聚焦重点品种监管。督促食品生产经营者严格按照食品安全国家标准生产和使用食品添加剂。持续加强超范围和超限量使用食品添加剂问题治理，严厉打击非法添加及生产销售假冒食品添加剂等违法行为。深入实施《婴幼儿配方乳粉生产许可审查细则（2022版）》。推进食盐专营管理和食盐定点企业证书到期换证工作。

推进反食品浪费工作。发布防止和减少餐饮浪费公告。加强粮食储备流通过程中的节粮减损指导。推动各地督促食品销售企业严格落实临近保质期食品销售要求。以婚宴、自助餐为重点加强监管执法。指导各地采用捐赠、拍卖、义卖等方式，提升食品抽检合格备份样品再利用效率。加强反食品浪费宣传，倡导节俭风尚，推广典型经验，曝光负面案例。

## （四）落实生产经营者主体责任

压紧压实食品质量安全管理责任。推动落实《企业落实食品安全主体责任监督管理规定》，督促生产经营者建立主要负责人负总责，食品安全总监、食品安全员分级负责的食品安全责任体系，建立风险管控清单，健全"日管控、周排查、月调度"工作机制，精准防控风险隐患。对农产品生产主体实施风险分级动态管理。加强屠宰行业管理，督促畜禽定点屠宰企业严格落实屠宰产品质量安全主体责任。全面推行食用农产品承诺达标合格证制度。完善粮食质量安全管理制度，规范生产者、经营者和安全管理人员行为。

推广食品安全责任保险。优化食品安全责任保险政策环境，鼓励和支持食品企业购买食品安全责任保险，推动各地健全食品安全责任保险工作机制。

### （五）持续保持高压严打态势

严厉打击违法犯罪。深入开展民生领域"铁拳"行动，聚焦重点领域查办一批违法案件，严打重处性质恶劣的违法行为。落实"处罚到人"要求，依法实施行业禁入。加强案例警示、暗访纪录片等手段运用，对违法行为坚决做到有案必查、有法必究、持续曝光。开展"昆仑"专项行动，持续深化打击食用农产品、食品及保健食品等重点领域犯罪，依法严厉打击农村、校园及周边地区销售假冒伪劣食品，网络销售假冒伪劣食品等重点领域、重点部位、重点环节、重点类型犯罪。开展进口食品"国门守护"行动，严厉打击冻品、农产品等走私违法犯罪活动。严厉打击使用禁限用药物、私屠滥宰、屠宰病死畜禽等违法违规行为。完善农产品质量安全、市场监督管理等领域的行刑衔接工作机制。

强化信用联合惩戒。指导各地完善食品生产经营企业信用档案。实行食品生产经营企业信用分级分类管理。将抽检不合格信息、行政处罚信息等纳入全国信用信息共享平台及国家企业信用信息公示系统，依法将相关市场主体列入严重违法失信名单。推动食品工业诚信体系建设，开展食品工业诚信体系培训。

### （六）提高食品安全管理能力

推进智慧监管。加快仅销售预装食品备案系统、第三方冷库备案系统信息化建设，实现数据信息互通互享。继续开展"阳光农安"试点工作，推进生产记录便捷化、电子化。部署食品安全智慧监管与控制关键技术研究，提升食品安全精细化主动防控水平。推进国产婴幼儿配方乳粉追溯平台的查询使用，推进食盐追溯体系平台建设。实现食用农产品全程追溯。

强化技术支撑。稳定和加强农产品质量安全检验检测体系，深入实施县级农产品质量安全检测机构能力提升三年行动。积极推广常规农药快检技术。大力推进食品安全关键技术研发，加强相关科技创新基地平台建设。

推进标准体系建设。按照最严谨的标准要求，对没有食品安全国家标准的地方特色食品，积极组织制定食品安全地方标准。鼓励企业在严格执行食品安全国家标准或地方标准的基础上，制定实施严于国家或地方标准的企业标准，进一步提高食品安全企业标准备案管理水平。加大标准宣传力度，加强标准跟踪评价。

提升风险评估与抽检监测水平。加强食品安全风险监测结果部门通报会商。选择重点品种项目，探索开展延伸性监测。加强食品相关产品监督抽查和风险监测。推动"你点我检"常态化、规范化。强化农产品质量安全风险监测，将小品种纳入监测和整治范围。强化粮食质量安全检验监测体系建设，提升粮食检验监测能力。有针对性地对重点品种和地区实施重点监测。组织编制省级食用林产品质量安全监测指导性意见，推动提升食用林产品检验检测能力。

加强统筹指导和综合协调。指导各地建立健全分层分级精准防控、末端发力终端见效工作机制，落实"三张清单加一项承诺书"制度，开展包保工作督查，推动食品安全属地管理责任落地落实。健全各级食品安全办实体化运行机制，完善食品安全应急体系建设，更好发挥综合协调作用。建立部门间食品安全风险信息交流机制。

## （七）推动食品产业高质量发展

推进许可认证制度改革。实施重点食品生产许可审查细则、食品经营许可和备案管理办法。强化各地食品经营许可数据归集和电子证推广。推动有机产品等食品农产品认证实施。

促进产业转型升级。深入推进国产婴幼儿配方乳粉提升行动、乳制品质量安全提升行动，推动实施婴幼儿配方乳粉新国标，鼓励企业优化产品配方、培育优质品牌。扩大绿色优质农产品生产。加大对奶牛良种等的支持力度，提升奶牛养殖设施装备水平和草畜配套水平。深入推进畜禽定点屠宰企业标准化建设，加快淘汰落后产能。培育地方特色食品产业，争创国家特色优势区。推动食品工业的预制化发展。开展"千企万坊"帮扶行动，促进企业建设高标准食品安全管理体系。

## （八）推进食品安全社会共治

实施"双安双创"示范引领行动。组织第四批国家食品安全示范城市创建省级初评。对第三批国家农产品质量安全县（市）进行验收，遴选确定第四批创建县（市）。

开展宣传引导。组织及时报道食品安全工作成效，宣传先进典型，开展舆论引导，帮助群众提高食品安全风险防范意识和辨别能力。举办全省食品安全宣传周活动。开展食品安全主题科普宣传教育活动，普及食品安全健康知识。落实"谁执法谁普法"的普法责任制，加强食品安全法律法规宣传普及。

# 分 报 告

Sub-Reports

# B.2
# 2022年河北省蔬菜水果
# 质量安全状况分析及对策研究

王 旗 赵少波 张建峰 赵 清 郄东翔 甄 云 马宝玲 李慧杰 郝建博 张姣姣 *

* 王旗,河北省农业农村厅农业技术推广研究员,享受国务院特殊津贴专家,主要从事蔬菜、水果、中药材等特色产业生产管理与技术推广工作;赵少波,现任河北省农业农村厅特色产业处三级调研员,主要从事果品生产和质量安全监管工作;张建峰,河北省农业农村厅高级农艺师,河北省"三三三人才工程"三层次人员,主要从事蔬菜、水果等作物管理、技术推广工作;赵清,河北省农业农村厅高级农艺师,河北省"三三三人才工程"三层次人员,主要从事蔬菜、食用菌生产管理、技术推广等工作;郄东翔,河北省农业农村厅农业技术推广研究员,河北省"三三三人才工程"二层次人选,主要从事蔬菜生产管理、技术推广等工作;甄云,河北省农业特色产业技术指导总站正高级农艺师,河北省"三三三人才工程"三层次人选,主要从事中药材、蔬菜生产管理、技术推广工作;马宝玲,河北省农业农村厅高级农艺师,河北省"三三三人才工程"三层次人员,主要从事食用菌、中药材生产管理、技术推广等工作;李慧杰,河北省农业农村厅高级农艺师,入选河北省"冀青之星"典型人物,主要从事中药材、水果等作物管理、技术推广工作;郝建博,河北省农业农村厅经济师,主要从事水果产业经济、生产管理、技术推广等工作;张姣姣,河北省农业农村厅三级主任科员,主要从事梨果生产管理、技术推广等工作。

**摘　要：** 2022 年，河北省优化蔬菜水果特色优势产业，坚持统筹发展和安全，"守底线""拉高线"同步推，"保安全""提品质"一起抓，确保人民群众"舌尖上的安全"。本文回顾了 2022 年河北省蔬菜水果产业发展，总结了蔬菜水果产品质量安全管理举措，全面分析面临的质量安全形势。

**关键词：** 蔬菜水果　质量安全　河北

2022 年，河北省全面贯彻党的十九大和十九届历次全会精神，认真落实党中央、国务院和省委、省政府关于食品安全工作的安排部署，以高度的政治责任感和极端负责的态度，落实"四个最严"要求。积极优化蔬菜水果特色优势产业，坚持统筹发展和安全，"守底线""拉高线"同步推，"保安全""提品质"一起抓，确保人民群众"舌尖上的安全"，蔬菜水果产业发展成效显著。

# 一　蔬菜水果生产及产业概况

2022 年，河北省围绕乡村振兴战略总目标，深入贯彻新发展理念，以农业供给侧改革为主线，按照"抓项目、强集群，抓市场、强对接，抓精品、强效益"的工作思路，以精品蔬菜、山地苹果、优质葡萄、沙地梨、优势食用菌五大集群建设为抓手，全方位推动特色产业又好又快发展，取得明显成效。

## （一）蔬菜产业发展概况

河北省是全国蔬菜产销大省、北方设施蔬菜重点省和供京津蔬菜

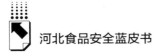
第一大省，其蔬菜产业作为农业优势产业在带动农业增效、农民增收，保障全国尤其京津蔬菜日常消费和应急保供方面发挥着重要作用。2022 年全省蔬菜播种面积 1258 万亩，总产量 5407 万吨，其中设施蔬菜面积达 362 万亩，是全国为数不多可周年生产蔬菜的省份。全省 10 万亩以上蔬菜大县 49 个，饶阳番茄、玉田白菜、永清胡萝卜、清苑西瓜、青县羊角脆甜瓜、鸡泽辣椒等 18 个大县单品规模超 5 万亩，产品特色突出，市场竞争力强。

### （二）食用菌产业发展概况

2022 年全省食用菌总产量 196.7 万吨，日产 10 万棒标准化菌棒厂由 10 家增加到 15 家，百亩以上园区达 302 个。以香菇为主，以黑木耳、平菇、金针菇、羊肚菌、栗蘑、黑皮鸡枞等品种为辅的"一主多辅"品种格局已逐步形成。建成了全国最大的越夏香菇基地、全国效益最好的设施羊肚菌生产基地。多渠道、多形式打造宣传"平泉香菇""阜平香菇""遵化香菇""迁西栗蘑""宁晋羊肚菌"五大区域公用品牌，"森源""瀑河源"等八大企业品牌影响力得到提升。

### （三）水果产业发展概况

2022 年全省水果种植面积 710.6 万亩，产量 1140 万吨。坚持把打造高标准生产基地作为主要抓手，推广高效新模式、名优新品种、省力新技术，推动老旧果园改造提升，成功打造威县梨、晋州鸭梨、辛集黄冠梨、泊头鸭梨、内丘富岗苹果、信都区浆水苹果、承德国光苹果、怀来葡萄、涿鹿葡萄、昌黎葡萄等示范园区，培育区域公用品牌。

1. 梨

河北省梨产业实力稳居全国第 1 位。2022 年梨种植面积 173.2

万亩，年产量 366.6 万吨，产值 140.3 亿元，其中产量占全球的 14% 以上、占全国的 20% 以上；常年出口量保持在 20 万吨左右，占全国的 50% 以上；总贮藏能力 170 万吨，占全国的 1/3 以上。建成 4 个规模超 10 万亩的示范园区，建设 11 条智能分选线和 4 条精深加工生产线，全省梨果综合生产能力得到大幅提升，其中晋州长城建成全国单体规模最大、最先进的鲜梨智选中心，成为梨产业高质量发展的标杆。

### 2. 葡萄

2022 年河北省葡萄种植面积 64 万亩，年产量 134.1 万吨。形成了以怀涿盆地、冀东滨海和冀中南为中心的葡萄酒加工和鲜食葡萄生产基地，优势产区葡萄种植面积达到 52.6 万亩，占全省的 83.1%。以怀来县、昌黎县为重点，全省拥有以葡萄酒为主的加工企业 90 家，年产葡萄酒 5.5 万千升。饶阳县设施葡萄种植面积 11 万亩，年产量 24 万吨，产值 26 亿元，成为全国最大的设施葡萄生产基地。

### 3. 苹果

苹果是河北省四大水果之一，山地苹果是河北省优势特色产业。2022 年，全省苹果基地面积 172.7 万亩，产量 265.5 万吨。太行山、燕山浅山丘陵和冀北冷凉最佳适生区苹果种植面积占全省的 60% 以上，富岗苹果基地被农业农村部认定为第一批全国种植业"三品一标"基地，成为苹果高端精品标杆。

### 4. 桃

2022 年河北省桃种植面积 97.8 万亩，产量 169.7 万吨。主产区为深州市、乐亭县、顺平县、魏县、满城区、卢龙县等地，目前全省桃栽培品种较多，主要有大久保、春雪、春蜜、映霜红、中油蟠桃等。鲜桃出口量不大，以桃罐头出口为主，主要出口国家和地区为韩国、日本、中国香港、中国澳门等。

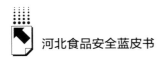

## 二　河北省蔬菜水果质量管理主要举措

2022 年，河北省紧紧围绕乡村振兴战略总目标，落实"四个最严"要求，突出抓好标准化生产、蔬菜水果农产品风险防控、可追溯体系建设和冬奥农产品安全保障等重点工作，严厉打击各类违法违规用药和非法添加行为，守住蔬菜、水果等特色农产品的质量安全底线，主要开展了以下工作。

### （一）加强果蔬质量安全监管

严格落实农产品质量安全监管属地责任，认真落实农业农村部农产品质量安全监管司、种植业管理司《关于印发豇豆、韭菜、芹菜质量安全管控技术性指导意见的通知》的要求，加大对"治违禁、控药残、促提升"三年行动确定的豇豆、韭菜、芹菜 3 个治理清单品种以及菠菜、叶用莴苣、白菜、姜、山药、草莓等重点品种的排查力度，已统计规模化生产主体 70 余家，建立了规模化生产主体名录。先后印发了《关于做好蔬菜水果等特色农产品质量安全有关工作的函》《2022 年河北省果蔬标准化生产推进方案》等文件，严厉打击生产过程中违法使用 66 种禁用农药的行为，严格管理采收时不遵守安全间隔期制度造成农药残留超标的行为，严肃规范在进入批发、零售市场或生产加工企业前的包装、保鲜、贮存、运输中未按国家有关强制性技术规范使用保鲜剂、防腐剂、添加剂的行为，对沧州、石家庄、承德、廊坊等地监测发现的 10 余处风险隐患建立监管台账，采取针对性措施防范消除风险。

### （二）农药监管逐步强化

为规范农药市场经营秩序，确保农民群众科学用药、安全用药，河北省坚持从农药使用源头进行治理，制定并印发了《农药"实名制购买 处方制销售"经营管理方案》，提出在限制性经营门店强制推、在标准化经营门店示范推、在一般性经营门店引导推，逐步强制农药使用者实名购买农药，引导农药经营者和广大农业技术推广人员为农药使用者提供用药处方服务，实现农民群众精准购药、安全用药。为进一步规范农药市场秩序，开展了农药生产经营行为监督检查。重点监督检查石家庄、邢台、沧州等地28家农药企业、21家农药门店，对发现的问题均提出了整改意见，并责成属地管理部门坚决整改到位。同时配合政策调控，适时开展甲拌磷等四种高毒农药淘汰工作。印发《关于做好甲拌磷等四种高毒农药淘汰有关工作的通知》，对甲拌磷、甲基异柳磷、水胺硫磷、灭线磷四种高毒农药淘汰工作进行安排和部署，省内所涉11家农药生产企业均已按要求停止生产上述四种高毒农药。

### （三）抓好省级监管追溯平台应用

指导果蔬生产基地建立产地编码和生产者质量安全责任制度，规范生产管理记录，建立健全生产管理档案。科学引导示范园区核心企业、重要赛会备选基地入驻省农产品质量安全监管追溯平台，实现农产品全产业链追溯。进一步完善电子追溯信息，全方位展示生产过程视频、图片、企业资质证明；完善扫码查询服务，提高农产品生产经营过程透明度，解决产销信息不对称问题，提升消费者信任度和满意度。

### （四）深化食用农产品承诺达标合格证

根据农产品种类和组织化程度的不同，合理选择和推行"规模主体出证、公司（合作社）+农户、经销企业+农户、区域公用品牌带动、散户集中出证、电商平台带动"6种模式，在农产品生产企业、

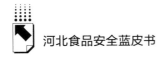

农民合作社、家庭农场等规模经营主体推行"纸质追溯+电子追溯"的合格证出具模式，逐步实现合格证电子化；对于农户（含种养大户、小农户）继续推行纸质合格证，形成电子追溯+纸质合格证互为补充的出证模式，有效破解农户出具合格证难题，着力解决农户"小散乱"、不易监管、产品质量无法保障的问题。

### （五）强化供奥农产品供应基地管控

切实做好北京冬奥会筹办，加强蔬菜、水果供奥备选基地监管，督促各地完善种植档案，严格投入品使用，依法落实农药安全间隔期、休药期等质量管控制度，加大禁限用农药等违禁药物的监测力度，实施动态管理，依托省平台实现主要供奥果蔬产品可追溯管理；同时，组织各产业技术创新团队指导冬奥会备选基地执行相关国家标准、地方标准，针对供奥产品制定质量控制规程，实施标准化生产，提高农产品质量安全水平。

### （六）构建现代农业全产业链标准体系

以产品为主线，以强化全程质量控制、提升全要素生产率、促进融合发展为目标，聚焦产业链关键环节，开展标准梳理、比对分析和跟踪评价，同时结合实际，按照"有标贯标、缺标补标、低标提标"的原则，加快产地环境、品种种质、投入品管控、产品加工、储运保鲜、包装标识、分等分级、品牌营销等方面标准的制修订，着力构建布局合理、指标科学、协调配套的现代农业全产业链标准体系。

## 三　蔬菜水果质量安全形势分析

蔬菜水果等产品质量问题，始终是关系消费者身心健康和产业发展的重大问题。2022年以来，河北省认真贯彻党的十九届六中全会、中央农业农村工作会议精神和省委、省政府有关部署，确保冬奥会、"两会"期间及重点时段农产品质量绝对安全，确保不发生重大农产品质量安全事件，严厉打击各类违法违规用药和非法添加行为，守住蔬菜、水果等特色农产品质量安全底线。在农产品质量安全例行检测中，水果产地合格率100%、蔬菜合格率99.3%。总体来看，2022年全省蔬菜水果质量安全水平继续稳定，但个别品种和参数上仍存在一定风险。

## （一）检测抽查总体情况

2022年，市场监督管理部门对河北省13个市的蔬菜、水果产业示范县，国家级蔬菜标准示范园，环省会蔬菜、水果产区，安全示范县，认定产地，非认定产地，蔬菜市场开展了农药残留的例行监测工作。监测品种涉及韭菜、尖椒、青椒、番茄、黄瓜、西兰花、土豆、生菜、苹果、火龙果、树莓、草莓、梨、葡萄等71种，基本涵盖了全省蔬菜、水果品种。监测项目涉及克百威、毒死蜱、腐霉利、啶虫脒、辛硫磷、氟虫腈、氯虫苯甲酰胺、异菌脲、阿维菌素等有机磷、有机氯、拟除虫菊酯、氨基甲酸酯类共100种农药。全年共抽检13607个样品，涉及蔬菜、水果71个品种，检测参数100个，检出不合格样品92个，合格率99.3%。

## （二）农残情况分析

全省检测发现的主要问题：一是叶菜类蔬菜超标最多，达38个样品，占超标样品的41.3%；二是毒死蜱、灭多威、克百威等国家禁止在蔬菜上使用的农药仍有检出。

第一，从抽样环节上看，生产基地样品13047个，占总样品量的95.88%；市场环节样品212个，占总样品量的1.56%。92个不合格样品全部来自生产环节，生产环节抽检合格率为98.53%，市场环节

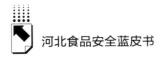
合格率为100%。

第二，从监测区域看，92个不合格样品中邯郸16个，张家口15个，秦皇岛14个，石家庄11个，衡水10个，保定8个，廊坊5个，沧州、邢台各4个，承德3个，唐山2个。

第三，从监测品种看，叶菜类蔬菜超标38个，占超标样品的41.30%；茄果类超标19个，占超标样品的20.65%；豆类、瓜类蔬菜及其他品种超标12个（其中豇豆7个），占超标样品的13.04%；鳞茎类蔬菜超标9个，占超标样品的9.78%。

第四，从监测参数看，92个不合格样品中检测出常规农药超标69个，禁限用农药28个（有个别样品检出2种及以上农药），其中毒死蜱超标17个，占超标项次的17.52%；克百威超标4个，占超标项次的4.12%；灭多威超标3个，占超标项次的3.09%；乐果超标2个，占超标项次的2.06%；氧乐果超标1个，占超标项次的1.03%。

第五，从趋势看，四个季度抽检合格率分别为98.8%、99.4%、99.6%、99.3%以及全年抽检合格率为99.4%，蔬菜总体合格率保持在较高水平。2020~2022年全省蔬菜禁限用农药超标占比（37.5%、29.1%、28.86%）持续降低，说明禁限用农药监管成效显著。目前主要农药风险品种为毒死蜱、灭多威、克百威、甲拌磷，禁限用农药超标比较突出的品种为叶菜类和豆类等蔬菜。

分析其原因主要有以下四点：一是种植分散，监管难度大。种植户文化水平、技术水平都相对落后，以户为主的分散种植、小规模种植较多，直接导致了大部分农产品在生产过程中无法做到标准化、规模化。二是标准化程度不够高。河北省蔬菜、水果的种类十分丰富，产量也相对较多，而农产品质量检测的标准却不够齐全，部分转化国际食品法典农药最大残留限量标准设置不够合理，易造成农残超标。三是未严格遵守用药安全间隔期。芹菜、菠菜、香菜等叶菜生产周期短，正常施药后，用药间隔期未到就上市销售导致农残超标。番茄、黄瓜等果菜是陆续、持续采收，农药间隔期不好把握。四是违规使用限用农药。毒死蜱、克百威、氧乐果、灭多威限制在蔬菜上使用，可用于小麦、玉米等作物，在农资市场依旧能够买到，因此部分农户为追求杀虫效果，违规购买使用限用农药。

# 四　今后工作对策建议

为全面贯彻落实党的二十大精神和省农业农村工作会议精神，突出抓好"治违禁、控药残、促提升"三年行动和农产品"三品一标"四大行动，扎实做好蔬菜水果质量安全工作，本文提出以下几点建议。

## （一）推行标准生产

健全完善农事操作和用药记录档案，强化生产操作规程、质量控制技术规范落地实施。制作简便易懂的生产过程模式图、操作明白纸和风险管控手册，确保生产经营和管理人员能够识标、懂标、用标。针对主要生产品种，以安全、绿色、营养、特色、感官、风味等品质特征为重点，探索构建品质指标体系。

## （二）严格源头管控

重点对韭菜、芹菜、豇豆等开展专项监测；将本地区特色小宗品种全部纳入监测范围，针对问题隐患较多的品种及时开展专项整治；开展生产环节违法使用食品添加剂风险排查。有序推进甲拌磷、甲基异柳磷、水胺硫磷和灭线磷4种高毒农药禁用工作，启动克百威、灭多威、涕灭威、氧乐果4种高毒农药停产工作，确保高毒农药淘汰工作有序推进，按时清零清仓见底。

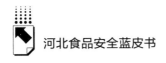
### （三）强化全程监管

严格落实生产者主体责任，加强产地环境和投入品使用管理，鼓励利用物联网、云计算等现代信息化技术，推动建立信息化质量控制体系，实现"从农田到餐桌"的全过程追溯管理。

### （四）下决心解决豇豆问题

豇豆在河北省常年种植面积约 11 万亩，不是优势品种，但因病虫害多发重发、用药频繁，花果同期、采摘间隔短，加之以小农户分散生产为主，豇豆农药残留问题突出，合格率始终偏低，禁用农药检出和常规农药残留超标同时存在，各地要对从种植、采摘到上市的全过程紧盯不放，一抓到底，建立健全豇豆生产减药控残长效机制。要坚持产管并重、堵疏结合。

### （五）强化农药日常监管

突出对禁用限用农药产品和百草枯（仅限出口）、草甘膦、敌草快生产企业以及限制性农药经营门店、被省部级农药监督抽查通报上榜名单经营门店的检查，特别对新延续的农药生产经营企业做到全检一遍，确保新延续企业生产经营管理高标准。

### （六）全面推动乡镇落实监管责任

明确乡镇政府的农产品质量安全监管责任，着力破解监管"最后一公里"难题。推动工作考核到乡镇，确保事有人干、责有人负，积极开展网格化监管提升活动、落实各项监管制度、推动建立协管员补贴机制。

## （七）进一步推进承诺达标合格证制度实施

对生产企业和农民合作社，要从试行开具转向督促批批开具；对收购商一律要求收证，积极探索分装、混装后再开证。对合格证制度实施情况开展执法检查，严格惩处应开不开、应收不收、无依据乱开证、在批发市场门口临时填写出证等违规行为，鼓励农产品销售者、食品加工企业、餐饮企业和食堂优先采购带证产品。

# B.3
# 2022年河北省畜产品质量安全状况分析与对策建议

李越博　魏占永　赵小月　边中生　李海涛　吴晓峰　张志锐*

**摘　要：** 河北省畜牧业坚持"守底线""拉高线"同步推，"保安全""提品质"一起抓，加快构建畜牧业高质量发展和高水平监管新格局，不断提高畜产品品质，全面助力乡村振兴。本文通过系统总结2022年河北省畜牧业在畜禽养殖、奶业振兴、兽药与饲料管理、屠宰监管等方面的工作成效，全方位、多角度科学分析了畜产品质量安全面临的机遇与挑战，并基于以上资料提出了应对策略。

**关键词：** 畜产品　质量安全　河北

2022年是"十四五"规划实施关键之年，是第二个百年奋斗

---

\* 李越博，河北省农业农村厅农产品质量安全监管局三级主任科员，主要从事农产品质量安全监管工作；魏占永，河北省农业农村厅农产品质量安全监管局三级调研员，主要从事农产品质量安全监管工作；赵小月，河北省农业农村厅农产品质量安全监管局三级主任科员，主要从事农产品质量安全监管工作；边中生，河北省农业农村厅畜禽屠宰与兽药饲料管理处二级调研员，主要从事饲料管理工作；李海涛，河北省农业农村厅畜牧业处副处长，主要从事畜牧生产管理工作；吴晓峰，阜平县农业农村和水利局农业技术推广研究员，主要从事畜牧兽医工作；张志锐，高碑店市农业农村局高级兽医师，主要从事农产品质量安全监管工作。

目标开局之年，河北省各级农业农村部门坚持以习近平新时代中国特色社会主义思想为指导，认真贯彻党的二十大和省委十届三次全会精神，落实"四个最严"要求，着力发展规模化、标准化、智能化养殖，提高畜牧业综合生产能力，确保全省畜产品质量安全。

# 一　总体概况

2022 年，河北省畜牧业深入贯彻新发展理念，以现代畜牧业建设为主线，以打造奶业、精品肉两个千亿级工程为突破口，克服饲草料价格大幅上涨、资源环境日益趋紧等不利因素，着力稳产量、调结构、转动能，畜产品综合生产能力进一步提升。畜牧业产值达2391.7 亿元，同比增长 4.8%，占整个农林牧渔业产值的 31.2%。肉类产量达到 475.4 万吨，同比增长 3%；禽蛋总产量达到 398.4 万吨，同比增长 3%；生鲜乳产量 546.7 万吨，同比增长 9.7%。畜产品监测总体合格率达到 99.9%，持续保持稳中向好态势。

畜禽种业创新发展。筹建国家级奶牛核心育种场 2 个，君乐宝乐源牧业被列入国家畜禽种业阵型企业，华裕农科、兴芮种禽进入全国10 强。

奶业振兴步伐加快。奶牛存栏 148.1 万头，同比增长 9.5%，位居全国第 2，保持快速增长势头。

生猪产能稳步提升。生猪存栏 1927.7 万头，同比增加 6.5%；出栏 3506.1 万头、猪肉产量 273.4 万吨，同比分别增长 2.8%、2.9%，生猪市场供应充足。

屠宰监管日益规范。10 家生猪定点屠宰企业被农业农村部评定为国家屠宰标准化示范厂，位居全国第 2。

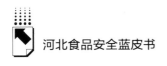

# 二 主要措施

## （一）强化投入品管控

兽药行业持续优化提升，深入推进新版兽药 GMP，检查验收 87 家兽药生产企业，淘汰小乱差企业 22 家，为 57 家办理许可延期申请；印发《2022 年河北省兽用抗菌药使用减量化行动工作要点》，323 家养殖场开展兽药减量行动，在全国率先出台中兽药产业高质量发展实施意见。饲料行业高质量发展不断推进，2022 年饲料生产企业共 1133 家，同比增长 2.4%；饲料总产量 1445 万吨，同比增长 5%；安排"粮改饲"资金 2.13 亿元，完成 226.79 万亩，超过国家任务 54.8%；开展饲料监测 464 批，监测合格率为 98.5%；"瘦肉精"专项整治任务完成 2266 批，全部合格。

## （二）强化畜禽品种培优

加强畜禽良种保护，深入开展第三次河北省畜禽遗传资源普查，发现河北奶山羊、狗羊等新资源；支持国家级德州驴保种场和 5 个省级保种场提档升级，完成 11 个畜禽样品采集测定和 4 个品种基因分析，抢救性保护冀南牛、太行驴和太行牛等濒危珍稀资源。培育种业企业，支持 6 个国家核心育种场（良种扩繁基地）引进优质种源，支持 8 个国家核心育种场和 1 个种公牛站开展生产性能测定，对 16 个种公猪站予以补贴。加快新品种培育选育，组织联合育种攻关，培育以深县猪、太行鸡、小尾寒羊等地方畜禽遗传资源为素材的 8 个新品种，支持 6 家种业企业开展进口品种选育，提升 8 个国家畜禽核心育种场、1 个种公牛站和奶牛 DHI 测定中心的畜禽生产性能测定能力。全省核心种源自给率达到 80%，供种能力提升 10 个百分点，全省畜禽种业基础进一步夯实。

## （三）推进畜牧业标准化生产

引导中小养殖户改善设施设备、提高养殖技术、扩大养殖规模。推动老旧养殖场改造升级，鼓励养殖场配备自动饲喂、环境控制、疫病防控、废弃物处理设施设备，进行智能化改造。落实技术装备"双轮"驱动，良种良法配套、设施设备结合，提升养殖场硬件水平。示范引领全省畜禽品种发展，创建部级畜禽养殖标准化示范场9家、省级标准化场110家。强化市场调控能力，成立河北省生猪产能调控联盟，确定118家国家级和128家省级产能调控基地，对生猪产能调控工作开展定期考核，保证能繁母猪数量处于正常波动区域。

## （四）奶业振兴取得突破

争取国家奶业竞争力提升整县推进项目资金1.4亿元，支持行唐、宁晋等7个奶牛养殖大县扩大奶牛存栏、提升智能化水平。统筹中央奶牛家庭牧场升级改造、环京津奶业集群建设和省级奶业振兴资金，支持新建扩建奶牛场76家、改造升级160家，建设智能奶牛场38家，奶牛养殖规模化、标准化、智能化水平进一步提升。开展奶牛生产性能测定25万余头，为289家奶牛场提供种群报告，补贴优质性控冻精2.8万支、胚胎1.1万枚，建成10吨以上高产奶牛核心群200个。开展生鲜乳质量专项抽查1070批次，对803个生鲜乳收购站、916辆运输车全覆盖检查，合格率均为100%。稳定生鲜乳购销秩序，按时召开价格协调会并发布交易参考价，协调奶牛场交奶，保障学生饮用奶配送。

## （五）加大畜禽屠宰监管力度

编印畜禽定点屠宰厂建设基本参数指南、定点屠宰厂追溯登记台账等文件，强化规范建厂、质量追溯等关键环节监管。建立健全长效

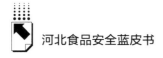

机制，开展畜禽屠宰质量安全风险监测，监测样品合格率为98.85%，17种违法添加物监测样品合格率为100%。强化企业服务，推动河北宏都实业集团有限公司等5家生猪定点屠宰企业恢复进京销售资格，推荐55家屠宰企业纳入京津"白名单"管理。

### （六）强化粪污资源化利用

累计支持6087家养殖场配建畜禽粪污处理设施，促进163个有机肥加工厂和处理中心、19个大型沼气发电工程建设，完成1200家规模养殖场畜禽粪污处理设施装备提档升级，白洋淀上游221家规模养殖场全部达到一级水平，南和区、赤城县等5县全域开展畜禽粪污资源化利用，全省规模畜禽养殖场粪污处理设施装备配套率保持在100%，粪污综合利用率达到81%。开展养殖污染集中排查、移交、整治专项行动，排查养殖场（户）118157个，发现问题养殖场（户）4951个，立行立改3288个，移交环保1663个，集中解决粪污处理设施不全、畜禽养殖异味扰民、粪污乱堆乱放等突出问题。

### （七）强化风险隐患排查整治

深入推进食用农产品"治违禁　控药残　促提升"三年行动，围绕重点区域、重点环节、重点产品，压实部门监管责任和企业主体责任，重点解决养殖与屠宰环节违规违法使用禁限用兽药、兽药残留超标和非法添加等问题。持续组织屠宰行业"强监管保安全"专项行动、畜禽屠宰行业专项整治行动，深挖畜禽注水、注药等问题。农业农村、市场监管、公安等部门联合开展"瘦肉精"整治百日行动，对全省养殖集中区、重点屠宰企业、生鲜肉销售摊点开展飞行检查。全省出动监管执法人员115476人次，检查生产经营主体65140家，共查处畜产品质量安全案件127件，在河北省农业农村厅官网公布销售伪劣饲料、假兽药、不合格畜产品和无证经营兽用生物制品等 5 个典型案例，强化公众畜产品质量安全意识，形成社会共治氛围。

# 三　形势分析

## （一）系列政策出台为畜牧业高质量发展奠定良好基础

畜牧业是保障食物安全的战略产业，是农业现代化的标志性产业，在满足群众肉蛋奶消费、支撑乡村振兴、引领农业现代化等方面发挥了巨大作用，《中华人民共和国畜牧法》的修订和系列文件的出台，为河北省畜牧业发展提供了根本遵循和明确指向。新修订的《中华人民共和国畜牧法》增加了"发展规模化、标准化和智能化养殖，促进种养结合和农牧循环、绿色发展"的内容。国务院办公厅印发《关于促进畜牧业高质量发展的意见》，提出"不断增强畜牧业质量效益和竞争力，形成产出高效、产品安全、资源节约、环境友好、调控有效的高质量发展新格局"的发展方向。中央深改委第十次会议通过的《关于实施重要农产品保障战略的指导意见》，对猪牛羊肉、奶源等重要畜产品自给率提出明确要求。经河北省人民政府批准，河北省奶业和现代畜牧业被列为农业主导产业，部署千亿级奶业和千亿级精品肉工程。《河北省"十四五"畜牧兽医行业发展规划》明确畜禽养殖规模化率、废弃物综合利用率等目标，这将为畜牧业高质量发展注入新的动能。

## （二）畜产品质量安全水平稳中向优

2022 年，省级共监测各类畜禽产品 11494 批，监测参数涉及 β-受体激动剂、磺胺类、氟喹诺酮类、四环素类、酰胺醇类、金刚烷胺类、阿维菌素类、黄曲霉毒素 M1、生鲜乳指标、生鲜乳违禁添加物质十大

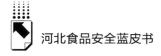
类兽药残留和违禁添加物质共 48 项。检出不合格样品 9 批,抽检合格率为 99.9%,同比上升 0.2 个百分点。从监测品种来看,检出的不合格样品分别是鸡蛋 8 批,占超标样品的 88.9%;羊肉 1 批,占超标样品的 11.1%。从监测参数来看,8 批鸡蛋不合格样品中,4 批检出产蛋期禁用药物氟喹诺酮类,3 批检出产蛋期禁用药物氟苯尼考,1 批检出禁用药物金刚烷胺;1 批羊肉样品中检出氟喹诺酮类药物超标。

### (三)风险隐患依然存在

虽然畜产品质量安全监管工作不断巩固加强,抽检合格率保持在较高水平,但仍存在一些风险隐患,如蛋鸡非法使用金刚烷胺、氟苯尼考、恩诺沙星、环丙沙星现象较为突出,存在羊肉中超量使用氟喹诺酮类药物等问题。这一方面是因为个别生产主体质量安全意识淡薄,受利益驱使,违法使用违禁药物;另一方面是因为个别生产主体对兽药使用规范了解不足,休药期执行不到位,存在未达到休药期就销售的情况。

## 四　对策建议

### (一)全面加强投入品监管

深入推进兽药减量行动,全面提升兽用抗菌药滥用及非法兽药管控能力,确保全省 25% 以上的畜禽规模养殖场实施减抗行动。按照"属地管理、分级负责、强化监督"的要求,全力抓好兽药生产企业后 GMP 时代监管和新版兽药 GMP 实施工作。按照"提质增效、稳中求进、全面发展"的思路,加大无抗饲料的监管力度,全面提升饲料质量水平,力争合格率达到 97.5% 以上,产量达到 1500 万吨。

### （二）加快畜禽种业发展速度

高标准完成第三次畜禽遗传资源普查和省级畜禽遗传资源基因库建设，加强畜禽遗传资源保护利用。加快畜禽种业创新攻关步伐，深入推进新品种培育，加强引进品种选育和高效利用，发挥奶牛、生猪育种创新联盟作用，开展奶牛、生猪联合选育。开展畜禽种业提档升级行动，提升国家畜禽核心育种场、省级原种场、种公牛站等供种基地规模和水平。强化种畜禽市场监管，构建适合现代种业发展的监管体系，加强种畜禽生产经营许可管理。

### （三）推进畜牧业标准化养殖

持续推进奶业振兴，大力提升奶源基地竞争力，进一步规范生鲜乳市场秩序，保障生鲜乳质量安全。继续稳定生猪生产产能，加强生猪养殖金融、土地等方面的支持，强化优质生猪产业集群建设，确保生猪养殖行业稳定发展。扎实发展肉牛、肉羊养殖，以现代示范园为重点，推进规模养殖标准化、科学化。做强家禽产业，加快建设高标准、智能化家禽养殖场，培育家禽养殖领军企业，壮大家禽产业集群。发挥标准化场示范引领作用，创建部级畜禽养殖标准化示范场 6 个、省级畜禽标准化养殖场 100 个，提升全省畜禽养殖标准化水平，标准化生产覆盖率达到 75%。

### （四）深入开展专项整治行动

加大对兽药生产、经营企业的监督检查力度，加强兽药产品质量综合整治，压实企业责任，确保产品 100% 上传入网。围绕饲料生产销售、畜禽养殖等关键环节，针对牛、羊集中养殖区域和"瘦肉精"高发区，开展"瘦肉精"专项整治行动，严厉打击在养殖环节使用"瘦肉精"的违法行为。深入开展私屠滥宰、注水、非法添加、屠宰病死猪等违法违规行为专项整治，进一步降低畜产品质量安全风险。

# B.4
# 2022年度河北省水产品质量
# 安全状况及对策研究

卢江河　张春旺　滑建坤　王睿　孙慧莹*

**摘　要：** 2022年，河北省农业农村厅紧紧围绕"按标生产、典型
示范、绿色推动、品质提升"的目标任务，因地制宜，
齐抓共管，加强水产品质量安全监管。通过强化产地水产
品质量监测、执法检查与案件查处，全年水产品质量安全
形势持续稳定向好，未发生重大水产品质量安全事件。

**关键词：** 渔业资源　水产品质量安全　高质量发展

　　2022年，河北省农业农村厅认真贯彻落实农业农村部和河北省
委、省政府决策部署以及全国水产品质量安全监管工作会议精神，紧
紧围绕"按标生产、典型示范、绿色推动、品质提升"的目标任务，
因地制宜，齐抓共管，加强水产品质量安全监管，通过强化产地水产
品质量监测、执法检查与案件查处，全年水产品质量安全形势持续稳
定向好，未发生重大水产品质量安全事件，全省渔业高质量发展态势
得到巩固。

* 卢江河，河北省农业农村厅渔业处主任科员；张春旺，河北省农业农村厅农产品
质量安全监管局二级调研员；滑建坤，河北省农业农村厅农产品质量安全监管局
副局长；王睿，河北省农业农村厅农产品质量安全监管局一级主任科员；孙慧
莹，河北省农业农村厅农产品质量安全监管局工作人员。

# 一　渔业产业发展概况

2022年，全省水产品总产量112.57万吨，同比增长4.13%；渔业固定资产投资同比增长47.5%，高出农业固定资产投资34.5个百分点，居农业各行业首位，社会投入积极性比较高。渔业总产值390亿元，较2018年增长47.4%，在农业中占比不断加大。渔民人均收入达25109元，较2018年增长33.1%，高出全省农民平均收入3357元。

## （一）调优水产养殖结构，渔业绿色高效发展水平进一步提升

区域发展格局基本形成。全省建成渔业"三大产业带"，在秦唐沧3市沿海地区，打造发展高效型渔业产业带；在环京津、绕省会、沿渤海等大中城市周边，打造发展休闲型渔业产业带；在太行山、燕山、坝上等冷水资源丰富地区，打造发展生态型渔业产业带。特色水产业居全国前列。河北省宜渔水域类型齐全、多样，更适合发展特色水产品，通过集聚多方发展要素，倾力打造河北特色渔业，产业发展初见成效。河北省河鲀产业居全国第2位，扇贝、鲆鲽产业居全国第3位，中国对虾、海参产业居全国第4位，鲟鱼产业居全国第5位，梭子蟹产业居全国第6位。8种盐碱地水产养殖典型案例被农业农村部推介，数量居全国第2位。现代种业快速发展。河北省天然育种饵料资源丰富，是对虾、河鲀、扇贝等水产品的养殖优势产区，黄骅南排河、丰南黑沿子已成为北方地区重要的水产苗种集散地，河北省中国对虾、红鳍东方鲀、半滑舌鳎等苗种育种水平全国领先。现有国家级水产原良种场5家、省级水产原良种场45家，水产苗种场近400家，其中2家被评为第一批中国水产种业育繁推一体化优势企业，数量位居全国第3，5家入选国家种业阵型企业名单。水产品质量安全

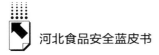

水平得到提升。不断加大水产养殖投入品使用管理力度，积极开展产地水产品质量安全监督抽查，不断加大执法检查与案件查处力度，水产品质量安全形势持续稳定向好，全年共完成国家和省级监督抽查任务 147 批次，水产品监督抽查合格率为 98.6%。

## （二）深入开展渔业资源养护工作，积极改善水域生态环境，提升水产品品质

着力抓好增殖放流。持续在秦唐沧近海海域和白洋淀、衡水湖、潘大水库等内陆湖库开展水生生物增殖放流，每年放流中国对虾、褐牙鲆等 10 多个品种 30 亿单位以上。调查数据显示，海洋主要放流品种投入产出比中国对虾达到 1∶20，淡水水生生物平均达到 1∶8。加强海洋牧场示范区建设。河北省海洋牧场发展规模位居全国前列。已批准建设 26 家海洋牧场，总面积 1.4 万多公顷，总投资超 11 亿元，累计投放人工鱼礁 560 多万空方，其中国家级海洋牧场示范区 19 家，居全国第 3 位。大力推进白洋淀生态环境保护工作。充分发挥"以鱼净水、以鱼养水"的生态功能，每年增殖放流净水型和经济型水生生物苗种 6500 万单位以上，强化白洋淀国家级水产种质资源保护区建设，持续开展水生生物日常监测。调查数据显示，白洋淀区游泳动物已经由 2020 年的 40 种增加至 2022 年的 46 种，生物多样性显著提高，环境指示性生物中华鳑鲏分布范围持续扩大。

## （三）加快产业融合发展，进一步提升渔业综合效益

水产品加工流通及品牌建设进一步发展。加强水产品精深加工与鲜活流通能力建设，全省水产品年加工总量 10 万吨，现有水产加工企业 222 个，加工能力达 32.5 万吨。同时，注重品牌培育与营销管理，培树了曹妃甸河鲀、黄骅梭子蟹、昌黎扇贝等区域公用品牌，不断提升产品品质，扩大了产业知名度和影响力。大水面生态渔业加快

发展。充分利用内陆湖库等大水面渔业资源，发展"人放天养"的健康养殖模式，推动生态环境保护与渔业生产协调发展，确保了水产品的品质和质量。全省建设大水面生态渔业示范基地 12 个，打造了"华北第一冬捕节""横山岭捕鱼节""易水湖捕鱼节"等一系列大水面渔业节庆活动。

### （四）依靠科技进步，带动渔业创新发展

一方面，聚焦渔业产业的难点，发挥省级特色海产品、淡水养殖两个现代渔业产业技术体系专家创新团队的支撑作用，2022 年引进及养殖示范半滑舌鳎、南美白对虾、虹鳟鱼等 8 个新品种，平均提高养殖效益 10% 以上，其中半滑舌鳎新品种提高效益达 30%，养殖水产品质量得到提升。集成集中连片养殖及工厂化循环水养殖尾水处理技术模式 2 项，攻克了制约产业发展的"卡脖子"技术。另一方面，挖掘渔业产业新亮点和增长点，围绕种业、加工等产业，强化科技攻关和新技术集成。集成研发出水产品加工新技术 2 项，研制出鲟鱼鱼子酱、鲟鱼片等产品 4 个。突破加州鲈鱼反季节繁育技术，填补了河北该技术的空白。

## 二　水产品质量安全监测情况

河北省结合全省水产养殖现状，聚集重点区域、重点品种和重点问题，坚持问题导向和"双随机、一公开"原则，积极开展产地水产品兽药残留监控工作，圆满完成了 2022 年国家和省级水产品质量安全监测任务。

### （一）国家产地水产品兽药残留监控和兽药等投入品监测

产地水产品兽药残留监控全年共抽检 47 批次，抽样环节全部为

产地，监测品种包括草鱼、鲤鱼、鲫鱼、对虾、罗非鱼、海参和大菱鲆7类，监测参数为孔雀石绿、氯霉素、硝基呋喃类代谢物、诺氟沙星、氧氟沙星、培氟沙星、洛美沙星和地西泮等，其中2个鲤鱼样品地西泮超标，监测合格率为95.7%，对抽检产品不合格单位，当地渔政执法部门依法进行了查处。水产养殖用兽药及其他投入品监测全年共抽检11批次，抽样品种主要包括促生长、杀虫、除杂药物和环境改良剂等，抽样地点以产地水产品兽药残留监测的水产养殖场为主，与产地水产品抽检同步实施随机抽取，主要监测是否含有国家规定的部分禁限用药物，监测结果为全部合格。

## （二）国家农产品质量安全例行监测（风险监测）

全年共抽样监测64批次，抽样环节为运输车、暂养池和批发市场，抽样地区包括石家庄、唐山、邢台3市，抽样品种包括对虾、罗非鱼、大黄鱼、鲆类（含大菱鲆和牙鲆）、大口黑鲈、草鱼、鲤鱼、鲫鱼、鲢鱼、鳙鱼、乌鳢、鳊鱼、鳜鱼、鲶鱼14类，监测参数包括氯霉素、孔雀石绿（含有色孔雀石绿和无色孔雀石绿）、硝基呋喃类代谢物（含呋喃唑酮代谢物、呋喃它酮代谢物、呋喃西林代谢物和呋喃妥因代谢物）、停用药物（含诺氟沙星、氧氟沙星、培氟沙星和洛美沙星）、酰胺醇类（含甲砜霉素、氟苯尼考和氟苯尼考胺）、氟喹诺酮类（含恩诺沙星、环丙沙星）和磺胺类七大项，承检单位为国家水产品质量检验测试中心。经监测，合格率为100%。

## （三）国家海水贝类产品卫生监测

全年共监测21批次，监测地区为秦皇岛（北戴河新区海域、昌黎海域）和唐山（乐亭海域、丰南海域），监测品种包括扇贝、菲律宾蛤仔、毛蚶、牡蛎、缢蛏、四角蛤蜊、文蛤、青蛤、黄蚬子9类，监测参数为大肠杆菌、细菌总数、铅、镉、多氯联苯、腹泻性贝类毒素（DSP）和麻痹性贝类毒素（PSP）等，其中1个毛蚶样品重金属镉超标，监测合格率为95.2%，生产区域均为一类生产区域。

## （四）省级水产品质量安全监测

### 1. 总体情况

2022年，对全省11个地市和2个省管县的1364个样品28项参数进行了监测，检出18个样品不合格，抽检总体合格率为98.7%，全省水产品质量安全水平总体继续稳定向好。检测发现的主要问题：一是禁用药物孔雀石绿、氯霉素、呋喃西林代谢物以及停用药物诺氟沙星检出问题比较突出；二是常规药物恩诺沙星、环丙沙星超标问题依然存在。

### 2. 结果及形势分析

从任务来源看，2022年抽检任务包括省检中心500个（例行监测400个，监督抽查100个）、省级下达625个（风险监测328个、监督抽查297个）、省级委托第三方风险监测239个。

从地区看，石家庄、秦皇岛、承德等6个市和定州1个省直管市抽检合格率100%，占比为53.8%。18个不合格样品，分别来自唐山（9个）、沧州（4个）、张家口（2个）、邢台（1个）、邯郸（1个）、辛集（1个）。

从监测品种看，不合格品种分别为鲤鱼（5个）、舌鳎（4个）、鲟鱼（3个）、南美白对虾（2个）、草鱼（1个）、鲫鱼（1个）、斑点叉尾鮰（1个）、海参（1个）。

从监测参数看，28项参数中有6项参数存在超标问题，占比为21.4%，包括使用禁用药物孔雀石绿（5个样品）、氯霉素（2个样品）、呋喃西林（1个样品），使用停用药物诺氟沙星（2个样品），常规药物恩诺沙星和环丙沙星总量超标（8个样品）。不合格参数中，孔雀石绿、氯霉素、呋喃西林虽禁用多年仍时有检出，应加大打击力度；诺氟沙星作为停用药物已经5年多了仍有使用，宣传力度仍需加

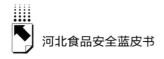
大；常规药物恩诺沙星、环丙沙星超标属于未过休药期的问题。其他
参数包括甲砜霉素、氟苯尼考、呋喃唑酮代谢物、呋喃它酮代谢物、
呋喃妥因代谢物、磺胺类（12 种）、氧氟沙星、培氟沙星、洛美沙星
等参数抽检合格率为 100%。海参扑草净、甲氰菊酯均未检出。

从抽样环节看，产地水产品合格率高于市场水产品合格率。产地
水产品抽样 1276 个，有 15 个不合格，合格率为 98.8%；市场水产品
抽样 88 个，有 3 个不合格，合格率为 96.6%，二者相差 2.2 个百
分点。

从监测性质看，监督抽查合格率低于风险监测合格率。监督抽查
样品 397 个样品，9 个不合格，合格率为 97.7%；风险监测样品 967
个，有 9 个不合格，合格率为 99.1%，两者相差 1.4 个百分点。

从趋势看，水产品总体合格率继续保持较高水平。2022 年水产
品质量安全监测 1364 个样品，总体合格率为 98.7%，比 2021 年提高
1.8 个百分点。

## 三 工作举措

2022 年，河北省认真贯彻落实有关质量安全监管要求，强化标
准化生产、专项整治和水产养殖投入品使用监管，加大水产养殖执法
检查与案件查处力度，保障水产品质量安全和水产品的有效供给。

### （一）狠抓水产养殖标准化生产与示范

组织申报省级渔业地方标准制修订项目计划 6 项，发布实施 1
项，汇编印发 2020 年、2021 年省级渔业地方标准 5 项。印发《2022
年河北省水产养殖标准化生产推进方案》，狠抓水产养殖减药行动和
全产业链标准化生产试点建设，强化品质提升，落实质量安全管控措
施，抓好水产苗种质量源头管理，积极开展水产健康养殖和生态养殖

示范创建、水产品质量安全监管、执法检查以及农产品质量安全法律法规宣传培训等工作。全年共创建国家级水产健康养殖和生态养殖示范区 6 个，建设国家现代农业全产业链标准化示范基地 1 个。

### （二）持续深入开展水产养殖专项整治

继续深入贯彻落实《食用农产品"治违禁 控药残 促提升"三年行动方案》《农业农村部关于加强水产养殖用投入品监管的通知》《农业农村部办公厅关于开展水产养殖业执法行动的通知》《"中国渔政亮剑 2022"系列专项执法行动方案》等工作部署，加强水产养殖用投入品管理，扎实开展专项整治行动，依法打击生产、进口、经营和使用假、劣水产养殖用兽药、饲料和饲料添加剂等违法行为，保障养殖水产品质量安全，全年渔政执法机构累计出动执法人员 4654 人，检查水产苗种场 75 家、养殖场 1289 家，责令整改 62 家，清理整治水产养殖非法投入品 200.5 公斤，发放宣传资料 11142 份，媒体宣传 46 次，取得了良好效果。

### （三）依法查处违法使用投入品等行为

继续保持对水产品质量安全违法行为"零容忍"的态度，全年共查办水产养殖过程中违法违规使用投入品案件 6 起，行政处罚 6 起，罚款 9.7 万元，按要求及时向司法机关移送案件线索 1 起，有力震慑了水产品质量安全违法犯罪行为。

## 四 对策建议

### （一）大力发展生态健康养殖

结合河北省水产养殖资源特点和养殖品种实际，大力推广循环水养殖、大水面生态养殖、近海立体生态养殖、渔农综合种养等生态健康养殖模式。积极推广人工全价配合饲料，逐步减少冰鲜幼杂鱼饲料使用。推动用水和养水相结合，实行养殖小区或养殖品种轮作，降低传统养殖区水域滩涂利用强度。

### （二）大力推进标准化生产

积极开展地方标准征集制定，集成推广苗种繁育、生态健康养殖、资源养护、水域生态修复等标准化生产技术。积极开展水产绿色健康养殖"五大行动"，加快水产养殖全产业链标准化生产基地建设和绿色优质农产品生产基地建设，持续推进水产健康养殖和生态养殖示范区、水产原良种场和海洋牧场建设。

### （三）大力加强科技支撑

加强省级现代渔业产业技术体系创新团队建设，设立水产养殖绿色发展专家岗，开展绿色养殖技术模式集成和示范推广。加强生态型渔用药物和环保型全价配合饲料研发和推广，推进基层水产技术推广体系改革与建设，建立与水产养殖绿色发展相匹配的渔技推广联盟，支持渔业科技人员与新型职业渔业经营主体开展技术合作。强化校（院）企科技合作，增强科技创新能力。

### （四）持续推进专项整治

继续深入贯彻落实农业农村部"治违禁　控药残　促提升"和"水产养殖投入品使用监管"三年行动要求，持续推进渔业专项整治行动。结合重点区域、重点品种和重点时段，扎实开展水产养殖执法行动，设立举报热线、加大举报奖励力度，及时发现案件线索，跟进开展监督抽查，实施"检打联动"，确保水产品质量安全。

## （五）强化执法案件督办

督导各地对检查发现的违法案件线索紧盯不放，发现一个查处一个；对监督抽检不合格样品及时核查来源，严格监督不合格样品后续处理，坚决落实"处罚到人"要求，将涉嫌犯罪的及时移送公安机关。

# B.5
# 2022年河北省食用林产品质量安全状况分析及对策研究

杜艳敏　王　琳　韩　煜　曹彦卫　宋　军　孙福江　任　瑞*

**摘　要：** 2022年，河北省林业和草原局按照省委、省政府关于食品安全工作的决策部署，认真履行食用林产品质量安全行业监管职责，树牢食品安全责任意识，强化责任担当，从源头抓好经济林生产工作，促进食用林产品稳产提质增效，食用林产品质量安全水平不断提升，全年未发生食用林产品质量安全问题。本文系统回顾了2022年全省经济林产业发展、食用林产品质量安全监管和开展食品安全风险监测情况，分析了食用林产品质量安全监测中存在的问题及原因，并提出了改进举措和建议。

**关键词：** 食用林产品　源头管控　风险监测

---------------

\* 杜艳敏，河北省林业和草原局政策法规与林业改革发展处二级调研员，主要从事食用林产品生产安全监管工作；王琳，河北省林业和草原局政策法规与林业改革发展处三级主任科员，主要从事食用林产品生产安全监管工作；韩煜，河北省林业和草原局科学技术处三级主任科员，主要从事林业和草原科技推广示范、科学普及、标准化等工作；曹彦卫，河北省林草花卉质量检验检测中心高级质量工程师，主要研究方向为经济林产品质量安全检测技术；宋军，河北省林草花卉质量检验检测中心高级质量工程师，主要研究方向为经济林产品质量安全检测技术；孙福江，河北省林草花卉质量检验检测中心副主任、推广研究员，主要研究方向为林产品监测；任瑞，河北省林草花卉质量检验检测中心副主任、正高级林业工程师，主要研究方向为经济林产品质量安全检测技术。

2022 年，河北省林业和草原局认真贯彻落实省委、省政府决策部署，围绕提升食用林产品质量安全水平、实现经济林产业高质量发展的目标任务，积极优化产业布局、调整品种结构，强化技术培训、推广标准化生产，严格履行监管责任、加大风险监测力度，全省食用林产品质量安全形势稳步向好，全年未发生食用林产品质量安全问题，确保了人民群众"舌尖上的安全"。

# 一　食用林产品生产基本情况及产业概况

为进一步满足人民群众对优质林草产品的供给需求，推动全省林草产业高质量发展，河北省林业和草原局制定印发了《河北省林草产业发展规划（2021—2025 年）》，牢固树立大食物观，坚持向森林要食物，提出今后五年林草产业发展重点领域和任务目标。适应经济林发展新形势，引导各地以提质增效为重点，结合特色农产品优势区建设，推进集约化、品种化、标准化、规模化生产和高标准示范基地建设，发展壮大太行山核桃、燕山京东板栗、黑龙港流域红枣、冀西北仁用杏等传统优势产业带，深入挖掘花椒、连翘、沙棘等新兴特色产业发展潜力，林产品多样化供给能力进一步增强、产品质量效益不断提高。截至 2022 年，全省经济林种植面积 2510 万亩，产量 1015 万吨，其中干果经济林种植面积 1781 万亩，产量 156 万吨。

板栗种植面积 427 万亩，产量 44.6 万吨，主要分布在太行山—燕山地区的迁西、遵化、宽城、兴隆、青龙以及邢台信都区等地，年产量 1000 吨以上的县（市、区）有 17 个，年产量万吨以上的县（市、区）有 7 个。其中，迁西板栗、宽城板栗特色农产品优势区被评为中国特色农产品优势区，遵化板栗、青龙板栗、兴隆板栗、信都区板栗特色农产品优势区被评为省级特色农产品优势区。"神栗"

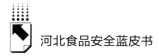

"栗源"等品牌板栗长期出口日本、泰国、马来西亚、新加坡等东南亚市场，常年出口量占全国的80%以上，承德神栗食品股份有限公司、青龙百峰贸易公司分别于2016年、2022年被认定为国家林业重点龙头企业。

核桃种植面积214万亩，产量20.8万吨，优势产区主要集中分布在太行山和燕山山区的涉县、武安市、临城县、赞皇县、平山县、涞源县、兴隆县、迁西县、迁安市等地，年产量在1000吨以上的县（市、区）有26个，年产量在5000吨以上的县（市、区）11个。其中，涞源县、涉县、平山县、临城县和赞皇县5个县被命名为"中国核桃之乡"，涉县核桃特色农产品优势区被评为中国特色农产品优势区，临城核桃特色农产品优势区被评为省级特色农产品优势区。河北省核桃种质资源丰富，既有以绿岭、西岭、辽宁系列、石门核桃等为主的适宜鲜食和加工核桃品种，又有南将石狮子头、冀龙等文玩核桃品种。全省核桃加工产品以精包装核桃、核桃仁和核桃油为主，在"河北林特产品馆"上线的绿岭烤核桃等产品深受欢迎，"绿岭""六个核桃"等商标被认定为中国驰名商标，河北绿岭果业有限公司、河北养元智汇饮品股份有限公司被认定为国家林业重点龙头企业。

枣种植面积155万亩，产量43万吨，主产区集中在太行山低山丘陵区和冀东黑龙港流域两大区域，年产量1000吨以上的县（市、区）有21个，年产量万吨以上的县（市、区）有9个。黄骅冬枣、沧县金丝小枣、赞皇大枣、阜平大枣等产品先后通过国家原产地域产品保护注册，行唐大枣、赞皇大枣特色农产品优势区被评为省级特色农产品优势区。以枣能元、枣香村、沧州思宏枣业等为主的枣生产企业，积极延伸产业链条，推进红枣产品精深加工，共研发出蜜枣、阿胶枣、酥脆枣、枣酒、枣粉、枣酱、枣香精、枣糖浆等枣加工产品600余种，产品种类不断丰富、产品价值不断提升，在带动当地群众就业增收和促进产业提质增效方面发挥了重要作用。

仁用杏（含大扁杏、山杏）种植面积 856 万亩，产量约 14 万吨，优势产区主要分布在涿鹿县、蔚县、丰宁县、平泉市、涞水县、易县等地，其中蔚县是"中国仁用杏之乡"和"中国优质仁用杏基地重点县"，涿鹿县是全省首家仁用杏国家级生态原产地产品保护及示范区，张家口、承德两地仁用杏产量占全省总产量的 98%。以承德亚欧果仁有限公司、张家口市永昌源果仁食品有限责任公司等为代表的龙头企业，大力推进扁杏生产和加工，不断研发新产品，形成了山杏、杏仁、杏脯、杏仁油、杏仁粉、活性炭等完整的深加工产业链条，仁用杏成为农民增收致富的重要支柱产业。

## 二 河北省食用林产品质量安全监管举措及成效

2022 年，河北省林业和草原局认真贯彻落实地方党政领导干部食品安全责任制，切实抓好经济林生产工作，认真履行食用林产品质量安全行业管理责任，督促各级林草部门落实属地监管责任，积极推广标准化生产，加大林产品抽检力度，确保食用林产品产地安全。全年没有发生食用林产品质量安全问题。

### （一）加强组织领导，履行行业监管职责

认真贯彻落实《地方党政领导干部食品安全责任制规定》有关要求，严格履行食品安全行业监管职责，指导各级林草部门落实食品安全属地监管责任，坚持底线思维和问题导向，突出工作重点，扎实做好食用林产品质量安全各项工作。部署开展重点时段食用林产品质量安全保障工作，督促各级林草主管部门加大对重点时期、重点果品生产基地监管力度，坚持日常监管与监督检查相结合，全面排查食品安全风险隐患，及时采取处置措施，圆满完成重点时段及重大活动干果供应保障任务。

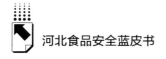

## （二）强化源头管控，提升产地安全水平

一是对全年经济林发展工作作出安排部署，指导各级林草部门抓好春季经济林生产管理，高标准开展林果花卉项目基地建设，加强生产投入品源头管控，严格落实食用林产品质量安全属地监管责任，为确保经济林正常生产秩序和食用林产品质量安全提供组织保障。二是组建经济林产业技术支撑体系专家团队，通过现场指导、线上答疑、编写发放技术手册明白纸等形式，宣传食品安全相关知识，示范推广土肥水管理、测土平衡施肥、安全间隔期用药等先进技术，最大限度减少农药化肥用量，为确保产地安全提供技术保障。2022 年各专家团队举办各类技术培训班 265 场次，培训林果农和基层技术骨干 2.7 万余人次，示范园病虫害发生率明显降低，食品安全水平明显提升。三是推广标准化生产，加强经济林标准化示范区建设，推广实施连翘、酸枣等林果标准化示范区建设项目 2 个，新建"冀中南连翘标准化丰产栽培技术示范"国家级标准化示范区 1 个、"野生酸枣抚育及栽培技术示范"省级标准化示范区 1 个。

## （三）开展食品安全例行监测，强化食用林产品产地监管

根据全省食用林产品质量安全风险监测工作安排，制定了《2022 年河北省食用林产品质量安全风险监测方案》，对核桃、板栗、枣、可食用杏仁、花椒、榛子、杏、桑葚、山楂、柿子、金银花、茶叶、文冠果 13 类食用林产品开展抽样监测，监测范围覆盖全省食用林产品生产基地。2022 年河北省林草花卉质量检验检测中心共开展全省食用林产品质量风险抽样监测 1000 批次，合格率为 100%。所有样品中共检出农药残留样品 395 批次，涉及 38 种农药监测指标，农药残留检出率为 39.5%，监测值均在国家规定的限量标准范围内。

## （四）加强经济林相关标准制修订，健全食用林产品标准体系

围绕河北省特色优势干果产业，对标世界一流标准，向省市场监督管理局提出的《板栗黄化皱缩病综合防控技术规程》《板栗幼树拉枝刻芽技术规范》2项标准获得立项，《自然农法板栗病虫害防控技术规程》《板栗大树改接技术规程》《红树莓组培苗培育技术规程》《金莲花容器育苗技术规程》等7项标准获批发布。及时更新完善了"河北省林业和草原标准体系"模型，挂接经济林和林特资源等相关标准292项。

# 三　食用林产品质量安全状况及分析

河北省林业和草原局严把生产安全关，严防、严控、严管食用林产品质量安全风险，切实加强对食用林产品生产基地监督管理，强化源头治理，引导生产经营者依法规范科学使用农药化肥，不断提高全省食用林产品质量安全监测水平，确保全省食用林产品质量安全。2022年，全省食用林产品例行监测总体合格率为100%。总体来看，全省食用林产品质量安全形势稳中向好，全年未发生食品安全问题。

## （一）食用林产品质量检验检测总体情况

按照《2022年河北省食用林产品质量安全风险监测方案》要求，结合河北省食用林产品生产实际，在林产品集中成熟期（5~12月），河北省林草花卉质量检验检测中心对核桃、板栗、枣、可食用杏仁、花椒、榛子、杏、桑葚、山楂、柿子、金银花、茶叶、文冠果13类食用林产品开展了风险监测。监测抽样范围涵盖全省11个设区市以及定州、辛集、雄安新区食用林产品生产基地，监测项目包括杀虫剂、杀菌剂、杀螨剂、除草剂及生长调节剂等200种农药及其代谢产

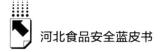

物。2022 年河北省林草花卉质量检验检测中心共开展食用林产品质量安全风险监测 1000 批次，合格率为 100%，合格率连续 4 年保持在 98.5% 以上（见图 1）。

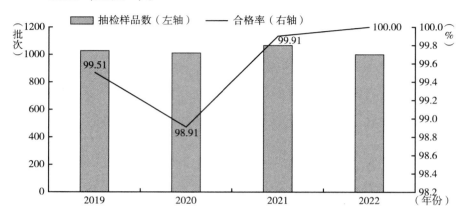

**图 1　2019～2022 年食用林产品抽检样品数及合格率**

资料来源：河北省林业和草原局。

## （二）监测结果分析

2022 年监测的 1000 批次样品中，合格样品 1000 批次，合格率为 100%。其中，板栗样品 266 批次，核桃样品 253 批次，枣样品 98 批次，食用杏仁样品 90 批次，杏样品 78 批次，山楂样品 68 批次，花椒样品 50 批次，桑葚样品 27 批次，金银花样品 20 批次，柿子样品 20 批次，榛子样品 20 批次，茶叶样品 5 批次，文冠果样品 5 批次，合格率均为 100%（见表 1）。

**表 1　2022 年食用林产品质量安全风险监测结果一览**

单位：批次，%

| 序号 | 产品名称 | 抽检样品 | 抽样占比 | 合格样品 | 不合格样品 | 合格率 |
| --- | --- | --- | --- | --- | --- | --- |
| 1 | 板栗 | 266 | 26.60 | 266 | 0 | 100.00 |

续表

| 序号 | 产品名称 | 抽检样品 | 抽样占比 | 合格样品 | 不合格样品 | 合格率 |
|---|---|---|---|---|---|---|
| 2 | 核桃 | 253 | 25.30 | 253 | 0 | 100.00 |
| 3 | 枣 | 98 | 9.80 | 98 | 0 | 100.00 |
| 4 | 食用杏仁 | 90 | 9.00 | 90 | 0 | 100.00 |
| 5 | 杏 | 78 | 7.80 | 78 | 0 | 100.00 |
| 6 | 山楂 | 68 | 6.80 | 68 | 0 | 100.00 |
| 7 | 花椒 | 50 | 5.00 | 50 | 0 | 100.00 |
| 8 | 桑葚 | 27 | 2.70 | 27 | 0 | 100.00 |
| 9 | 金银花 | 20 | 2.00 | 20 | 0 | 100.00 |
| 10 | 柿子 | 20 | 2.00 | 20 | 0 | 100.00 |
| 11 | 榛子 | 20 | 2.00 | 20 | 0 | 100.00 |
| 12 | 茶叶 | 5 | 0.50 | 5 | 0 | 100.00 |
| 13 | 文冠果 | 5 | 0.50 | 5 | 0 | 100.00 |
| | 总计 | 1000 | 100.00 | 1000 | 0 | 100.00 |

资料来源：河北省林业和草原局。

从监测品种看，2022年抽检的1000批次样品全部来自生产基地，并以核桃、板栗、枣等河北省主栽经济林产品为主。板栗、核桃、枣、食用杏仁、杏、山楂、花椒、桑葚、金银花、柿子、榛子、茶叶、文冠果13类林产品抽样占比分别为26.6%、25.3%、9.8%、9.0%、7.8%、6.8%、5.0%、2.7%、2.0%、2.0%、2.0%、0.5%、0.5%（见图2）。

从农残检出率看，2022年检出农药残留样品395批次，农残检出率虽然都在国家规定的限量标准范围内且处于低水平，但仍有部分食用林产品农残检出率较高。其中，农残检出率为100%的样品有枣、金银花、柿子；农残检出率在80%～100%（不包含）的样品有桑葚、山楂、杏、茶叶。食用杏仁、核桃、板栗、榛子的农残检出率较低，分别为16.67%、13.04%、5.26%、0（见图3）。

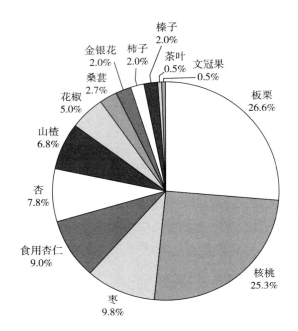

**图2 食用林产品抽样占比**

资料来源：河北省林业和草原局。

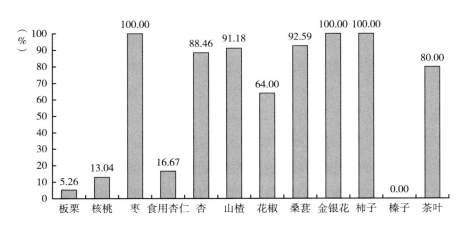

**图3 合格样品农残检出率**

资料来源：河北省林业和草原局。

从监测指标看，395 批次检出农药残留样品中共检出农药残留成分 38 种，其中菊酯类 8 种，占比为 21.1%，分别是氯氰菊酯和高效氯氰菊酯、氯氟氰菊酯和高效氯氟氰菊酯、甲氰菊酯、氰戊菊酯和 S-氰戊菊酯、联苯菊酯、溴氰菊酯、氯菊酯以及氟氰戊菊酯；检测出的其他 30 种农残监测指标分别是三唑酮、戊唑醇、苯醚甲环唑、扑灭津、联苯、马拉硫磷、肟菌酯、腈苯唑、哒螨灵、多效唑、三唑醇、二甲戊灵、喹硫磷、己唑醇、杀螨酯、三氯杀螨醇、戊唑醇、丙溴磷、丙环唑、毒死蜱、氟环唑、三唑磷、苯硫磷、咯菌腈、莠去津、马拉硫磷、六氯苯、增效醚、己唑醇、扑草净。

## （三）主要成效和问题

从监测结果来看，2022 年河北省食用林产品质量安全监测合格率为 100%，较 2021 年提高 0.9 个百分点。

河北省食用林产品质量安全存在以下几个主要问题。第一，检出农药残留的 395 批次样品中菊酯类农药检出占比较高，轮换用药、复配用药、规范用药以及病虫害生物和物理综合防治技术推广力度还需进一步加大。第二，监测品种中枣、金银花、柿子、茶叶、桑葚、山楂、杏等品种病虫害防控难度较大，农残检出率偏高，食品安全风险较大。第三，个别生产者质量安全意识还有待加强，对农药化肥科学用量和安全间隔期等安全生产技术掌握不到位。

部分林产品仍检出农药残留以及农残率较高主要有以下原因。一是金银花、枣、柿子、茶叶、桑葚等林产品主要食用部分为裸露在外的果皮，农药喷洒后与果皮直接接触，如果喷洒时间太晚，农药分解不彻底，易造成农药残留检出率较高。二是个别生产者食用林产品质量安全责任意识有待进一步加强，过量使用农药、化肥或用药间隔期较短现象依然存在，生物和物理综合防治病虫害技术推广力度有待进一步加大。三是现有监管力量薄弱，特别是基层食用林产品监管力量

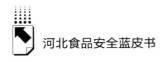

不足、经费短缺、手段落后等问题依然存在，技术服务水平和监测能力有待进一步提升。

# 四　今后改进举措和建议

## （一）健全食品安全管理机制，落实食品安全行业管理责任

严格贯彻落实地方党政领导干部食品安全责任制，按照"四个最严"要求，切实履行好食用林产品质量安全行业监管职责。督促各级林业和草原主管部门强化食品安全属地责任意识，突出工作重点，加强食用林产品质量安全工作队伍建设，提升监管人员素质和能力，逐步建立健全省、市、县三级联动工作机制。

## （二）加大食品安全宣传推广力度，推广标准化生产技术

积极宣传《中华人民共和国食品安全法》《中华人民共和国农产品质量安全法》等法律法规，加大食品安全知识宣传教育力度，切实提高林果农和社会公众食品安全意识，营造全社会参与食品安全监管的良好氛围。组织林果专家团队深入种植基地开展安全生产技术宣传，通过专家讲解、现场指导、线上咨询答疑等形式，示范推广绿色高质高效标准化生产技术，最大限度减少农药和化肥使用量，提高林产品生产管理水平。

## （三）开展食品安全风险监测，提高监管能力和水平

结合食用林产品生产实际，认真研究制定食用林产品质量安全监测工作方案，科学、合理采用检测方法和标准，注重检验检测技术人员业务培训，加大内部质量控制力度，确保检测结果准确可靠。完善食用林产品质量安全风险监测机制，强化例行监测和产地环境监测，

逐步扩大检测领域、增加监测批次、提高监测覆盖率，并结合食用林产品生产的特点，适时调整监测项目的范围，使监测项目更具针对性、监测结果更具实效性、反映的质量问题更具典型性，不断提升监测水平。

## （四）强化风险隐患排查，筑牢食品安全防线

加强食用林产品生产环节全过程监管，指导各级林草部门坚持问题导向，强化底线思维，将食品安全生产责任落实到源头管控、隐患排查、应急处置等各个环节，严厉打击违规使用禁限用农药的行为。加大对重要时间节点、重要生产基地风险隐患排查力度，重点加强对上年检出农残较多树种的日常监管和应急处置，加大检查与抽检频次，做到提前预警、及时处置，切实提高食用林产品质量安全监管水平。

# B.6
# 2022年河北省食品安全监督抽检分析报告

刘 琼　李杨微宇　张子仑　刘凌云　郑俊杰　韩绍雄　柴永金*

**摘　要：** 2022 年，国抽、省抽、农产品专项、市抽、县抽四级五类任务共完成食品安全监督抽检 386225 批次，其中实物合格样品 378891 批次，实物合格率为 98.1%。监督抽检涵盖生产、流通、餐饮三个环节，包括流通环节的网购、餐饮环节的网络订餐两个新兴业态，覆盖了 34 个食品大类和其他食品。

**关键词：** 食品安全　监督抽检　实物合格

按照《市场监管总局关于 2022 年全国食品安全抽检监测计划的通知》（国市监食检发〔2022〕13 号）、《河北省市场监督管理局关于下达 2022 年全省食品安全抽检监测计划的通知》（冀市监函〔2022〕73 号）等文件部署，河北省市场监督管理局坚持以发现问题为导向，全面推进均衡抽检，组织开展了 2022 年全省食品安全监督抽检，有关情况分析报告如下。

## 一　总体情况

2022 年，河北省市场监管系统开展的食品安全监督抽检包括四级

---

\* 刘琼、李杨微宇、张子仑，河北省食品检验研究院，主要从事食品安全抽检监测数据分析等相关工作；刘凌云、郑俊杰、韩绍雄、柴永金，河北省市场监督管理局食品安全抽检监测处，主要从事食品安全抽检监测相关工作。

五类任务：国家市场监管总局交由河北省承担的国家监督抽检任务〔国抽（转地方），以下简称"国抽"〕；省本级监督抽检任务（以下简称"省抽"）；食用农产品专项抽检"任务"（国家市场监管总局统一部署，市县两级承担，以下简称"农产品专项"）；市本级监督抽检任务（以下简称"市抽"）；县本级监督抽检任务（以下简称"县抽"）。

2022年，国抽、省抽、农产品专项、市抽、县抽四级五类任务共监督抽检样品386225批次，其中实物合格样品378891批次，实物合格率为98.10%（见表1、图1）。

**表1　食品安全五类任务监督抽检情况**

单位：批次，%

| 序号 | 任务类别 | 监督抽检样品 | 实物合格样品 | 实物合格率 |
|------|----------|--------------|--------------|------------|
| 1 | 国抽 | 8746 | 8537 | 97.61 |
| 2 | 省抽 | 17707 | 17424 | 98.40 |
| 3 | 农产品专项 | 49108 | 47156 | 96.03 |
| 4 | 市抽 | 74472 | 73074 | 98.12 |
| 5 | 县抽 | 236192 | 232700 | 98.52 |
| | 合计 | 386225 | 378891 | 98.10 |

资料来源：河北省市场监督管理局。

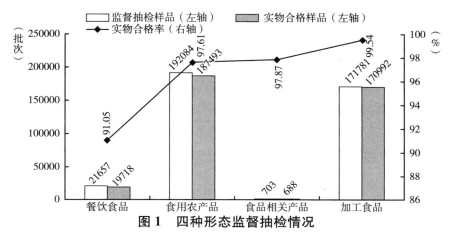

**图1　四种形态监督抽检情况**

资料来源：河北省市场监督管理局。

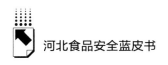

# 二　分类统计

## （一）按食品形态、类别统计

2022 年，河北省开展的食品监督抽检涵盖了食用农产品、加工食品、餐饮食品、食品相关产品 4 种形态，包括 34 个食品大类和其他食品。

34 个食品大类和其他食品中，31 个食品大类和其他食品实物合格率超过 98%。其中茶叶及相关制品、乳制品、保健食品、婴幼儿配方食品、食品添加剂、特殊膳食食品、可可及焙烤咖啡产品、特殊医学用途配方食品 8 个食品大类和其他食品实物合格率为 100%（见图 2）。

## （二）按地市统计

2022 年，河北省开展的监督抽检涵盖全部 11 个设区市，定州、辛集两个省直管市和雄安新区，包括全部行政区划内的县区及部分新设立的高新区、经开区（见图 3）。

## （三）按抽样环节统计

2022 年，河北省开展的监督抽检涵盖生产、流通、餐饮三个环节，总体实物合格率为 98.10%。其中生产环节实物合格率最高，为 99.35%（见图 4、图 5）。

## （四）生产环节监督抽检情况统计

2022 年，河北省在食品生产环节共开展监督抽检 21277 批次，实物合格样品 21139 批次，总体实物合格率为 99.35%，生产环节各地市监督抽检情况如图 6 所示。

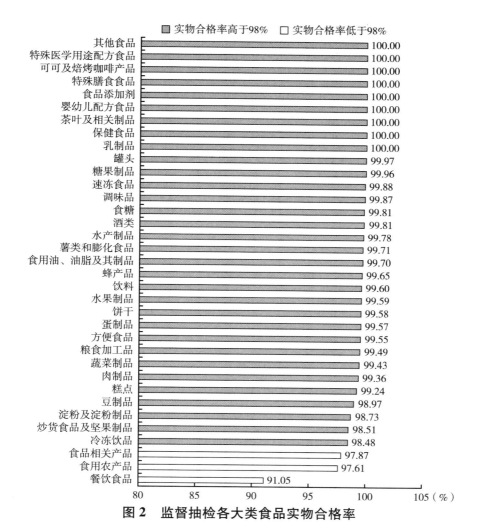

图 2　监督抽检各大类食品实物合格率

资料来源：河北省市场监督管理局。

## （五）流通环节监督抽检情况统计

2022年，河北省在食品流通环节共开展监督抽检286420批次，实物合格样品281963批次，总体实物合格率为98.44%，流通环节各类经营场所监督抽检情况如图7所示。

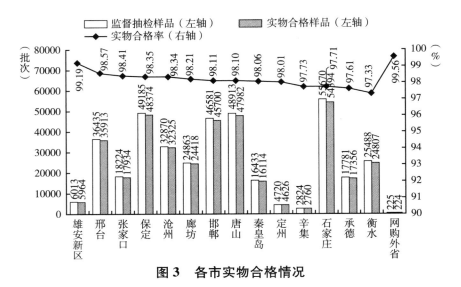

**图3 各市实物合格情况**

资料来源：河北省市场监督管理局。

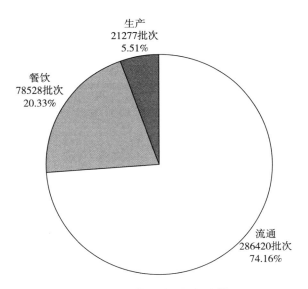

**图4 各环节任务量占比情况**

资料来源：河北省市场监督管理局。

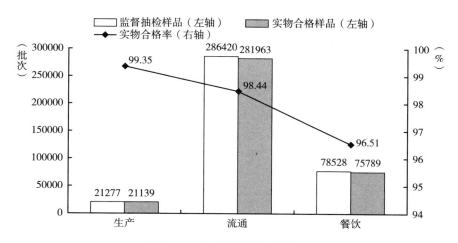

**图5 各环节监督抽检情况**

资料来源：河北省市场监督管理局。

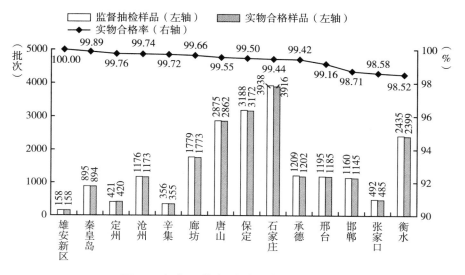

**图6 生产环节各地市监督抽检情况**

资料来源：河北省市场监督管理局。

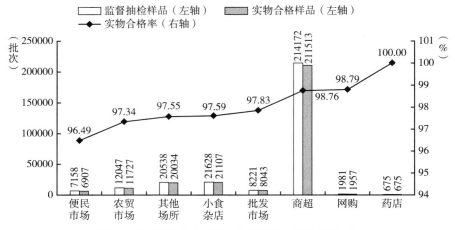

图 7　流通环节各类经营场所监督抽检情况

注："其他场所"主要包括水产店、粮油店、肉食店、烘焙店、烟酒门市、水果超市等场所及未注明类型的场所。

资料来源：河北省市场监督管理局。

### （六）餐饮环节监督抽检情况统计

2022 年，河北省在餐饮环节共开展监督抽检 78528 批次，实物合格样品 75789 批次，总体实物合格率为 96.51%。被抽样经营场所包括餐馆、食堂、网络订餐等 16 种类型，其中小吃店、小型餐馆、快餐店、中型餐馆、大型餐馆的实物合格率低于 96%，分别为 93.34%、95.46%、95.53%、95.74%、95.78%（见图 8）。

## 三　监督抽检实物不合格项目统计

### （一）加工食品实物不合格项目统计

2022 年，全省共监督抽检加工食品 171781 批次，检出实物不合格样品 789 批次，涉及 56 个不合格项目 837 项次。其中，食品添加

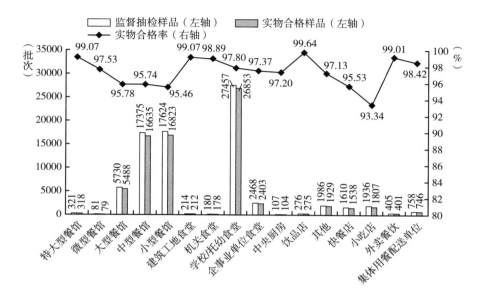

**图8　餐饮环节各类经营场所监督抽检情况**

资料来源：河北省市场监督管理局。

剂 383 项次、质量指标 221 项次、其他微生物（非致病微生物）120 项次、真菌毒素 48 项次、致病微生物 36 项次、重金属等元素污染物 14 项次、有机污染物 8 项次、其他污染物 3 项次、其他生物 2 项次、禁用兽药 1 项次、禁用农药 1 项次（见图 9）。

## （二）食用农产品实物不合格项目统计

2022 年，全省市场监管系统共监督抽检食用农产品 192084 批次，检出实物不合格样品 4591 批次，涉及 73 个不合格项目 4774 项次。其中亚类食用农产品不合格发现率由高到低分别为水产品 4.44%、蔬菜 2.88%、生干坚果与籽类食品 2.77%、水果类 1.82%、鲜蛋 0.74%、畜禽肉及副产品 0.36%（见图 10）。豆类、农－调味料、生乳和谷物未检出不合格样品。

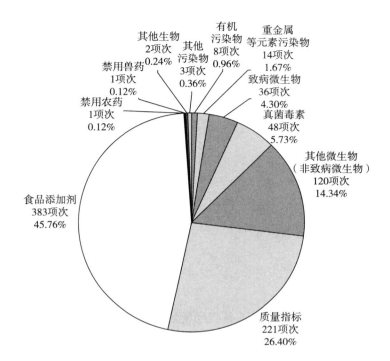

**图9 加工食品监督抽检不合格样品分布**

资料来源：河北省市场监督管理局。

　　按照不合格项目性质可分为 9 类，分别为农药残留 3152 项次、禁用农药 1071 项次、重金属等元素污染物 324 项次、兽药残留 148 项次、禁用兽药 44 项次、质量指标 21 项次、真菌毒素 9 项次，食品添加剂 3 项次、其他污染物 2 项次（见图 11）。

# 四　实物不合格项目及原因分析

## （一）加工食品实物不合格项目原因分析

　　加工食品实物不合格主要有 5 个方面原因。

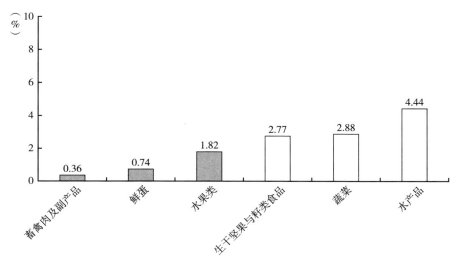

**图 10　食用农产品检出实物不合格亚类**

资料来源：河北省市场监督管理局。

一是产品配方不合理或未严格按配方投料，食品添加剂超范围或超限量使用。

二是不合格原料带入，成品贮存不当、产品包装密封不良等导致产品变质。例如粮食加工品中玉米赤霉烯酮超标，部分食品的酸价、过氧化值不合格，蔬菜干制品重金属超标等。

三是生产、运输、贮存、销售等环节卫生防护不良，食品受到污染导致微生物指标超标。

四是使用塑料材质设备或生产过程控制不当。例如白酒、植物油和糖果的生产贮存使用含塑料材质设备导致塑化剂超标；植物油原料炒制温度过高导致苯并［a］芘超标等。

五是减少关键原料投入、人为降低成本导致的品质指标不达标。例如酱油的氨基酸态氮不合格、冰激凌的蛋白质不合格、味精中的谷氨酸钠含量与标签明示值不符等。

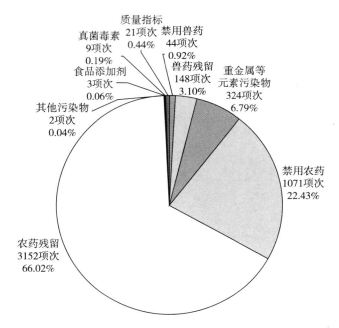

**图 11　食用农产品监督抽检不合格项目分布**

资料来源：河北省市场监督管理局。

## （二）食用农产品实物不合格项目原因分析

食用农产品不合格主要有 4 个方面的原因。

一是蔬菜和水果类产品在种植环节违规使用禁限用农药。

二是水质污染和或土壤污染生物富集导致水产品和蔬菜中重金属等元素污染物超标。

三是畜禽肉及副产品、水产品和鲜蛋在养殖环节违规使用禁限用兽药。

四是畜禽肉及副产品和水产品贮存条件不当导致挥发性盐基氮超标；生干坚果与籽类产品贮存或运输不当导致真菌毒素、酸价超标。

# 五　需要引起关注的方面

## （一）餐饮环节的餐饮食品及食品原料问题仍较多

5类任务在餐饮环节的监督抽检不合格率为3.49%（包括在餐饮环节抽检的食品原料），明显高于其他抽检环节。

在监督抽检的34大类和其他食品中，餐饮食品的合格率最低，实物合格率为91.05%，明显低于监督抽检98.10%的平均合格率。

## （二）不合格项目相对集中

加工食品监督抽检实物不合格项目中，食品添加剂和质量指标分别占不合格项次的45.76%、26.40%。

食用农产品监督抽检不合格项目中，农药残留和禁用农药分别占不合格项次的66.02%、22.43%。

## （三）个别品种应引起重视

一是其他淀粉制品中铝的残留问题突出。5类抽检任务中，监督抽检其他淀粉制品142批次，检出不合格样品11批次，不合格发现率为7.75%，其中9批次检出铝的残留量超标，检出率为6.34%。铝的残留量超标原因可能是个别生产经营企业为增加产品口感，在生产加工过程中超限量、超范围使用含铝添加剂，或者其使用的复配添加剂中铝含量过高。而在粉丝、粉条等淀粉类产品中，还可能是生产经营企业使用的原料受环境影响，天然含有较高含量的铝本底所致。

二是食用农产品检出农残、兽残、禁用药品及化合物。5类抽检任务中，食用农产品共监督抽检192084批次，检出不合格样品4591批次，其中4266批次样品检出禁用农、兽药或禁止使用的药品及化

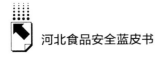

合物。主要不合格项目为毒死蜱、氧乐果、氯氟氰菊酯、甲硝唑、恩诺沙星、磺胺类（总量）等禁限用农、兽药超标。监督抽检蔬菜、水果类批次最多，监督抽检蔬菜 116764 批次，检出不合格样品 3356 批次，不合格发现率为 2.87%。监督抽检水果类 40647 批次，检出不合格样品 740 批次，不合格发现率为 1.82%。

# B.7
# 2022年河北省进出口食品质量安全监管状况分析

李树昭　陈　茜　朱金娈　吕红英　李晓龙*

**摘　要：** 2022年，石家庄海关始终以习近平总书记关于食品安全工作"四个最严"总要求为根本遵循，深入贯彻党中央、国务院重大决策部署，落实海关总署和河北省委、省政府工作安排，坚持政治统领，强化使命担当，按照"源头严防、过程严管、风险可控"的原则，切实把好河北省进出口食品安全关。

**关键词：** 进出口食品　食品安全　石家庄海关

2022年，石家庄海关全面学习贯彻党的二十大精神，始终以习近平总书记关于食品安全工作"四个最严"总要求为根本遵循，深入贯彻党中央、国务院重大决策部署，落实海关总署和河北省委、省政府关于进出口食品安全工作的各项安排部署，坚持政治统领，强化使命担当，按照"源头严防、过程严管、风险可控"的原则，在进出口食品安全工作领域构建"以落实政治要求为主线，以健全完善进出口食品安全监管基础工作体系、持续推动政策法规研究、防范化

---

* 李树昭，石家庄海关进出口食品安全处三级调研员；陈茜，石家庄海关进出口食品安全处科长；朱金娈，石家庄海关进出口食品安全处科长；吕红英，石家庄海关进出口食品安全处科长；李晓龙，石家庄海关进出口食品安全处二级主任科员。

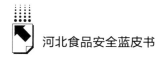

解重大系统性风险为抓手，着力促进地方经济高质量发展"的工作格局。

# 一　进出口食品产业概况

截至 2022 年底，石家庄海关出口食品备案企业共计 989 家，石家庄海关出口食品备案企业情况如表 1 所示。

表 1　石家庄海关出口食品备案企业情况

单位：家

| 分类号 | 产品类别 | 数量 |
|---|---|---|
| 01 | 罐头类 | 84 |
| 02 | 水产及制品类 | 49 |
| 03 | 肉及肉制品 | 42 |
| 04 | 茶叶类 | 3 |
| 05 | 肠衣类 | 39 |
| 06 | 蜂产品类 | 3 |
| 07 | 蛋制品类 | 1 |
| 08 | 速冻果蔬、脱水果蔬类 | 113 |
| 09 | 糖类 | 24 |
| 10 | 乳及乳制品类 | 10 |
| 11 | 饮料类 | 62 |
| 12 | 酒类 | 41 |
| 13 | 花生、干果、坚果制品类 | 41 |
| 14 | 果脯类 | 28 |
| 15 | 粮食制品及面、糖制品 | 78 |
| 16 | 食用油脂类 | 27 |
| 17 | 调味品类 | 52 |
| 18 | 速冻方便食品类 | 37 |
| 19 | 功能食品类 | 16 |
| 20 | 食用明胶类 | 1 |
| 21 | 盐渍菜类 | 26 |
| 22（D） | 其他 | 212 |
| 合计 | | 989 |

资料来源：石家庄海关。

## 二 进出口食品质量安全状况及贸易概况

### （一）进出口食品安全监督抽检情况

2022 年，石家庄海关严格执行海关总署下达的《2022 年度进出口食品、食用农产品、化妆品安全监督抽检和风险监测计划》，承担进口食品监督抽检、出口食品监督抽检、跨境电商进口食品风险监测、出口动物源性食品安全风险监测、供港蔬菜专项监测 5 项任务。根据全省业务实际情况，制定具体实施方案，按照布控指令对进出口食品实施监督抽检，规范实施抽样、送检及实验室检验检测，年度抽检任务规范全部执行到位，共有 17 类食品中的 153 项次有检出，未发现不合格样品。全省未发生区域性、系统性进出口食品安全重大事件，总体质量安全情况良好。

### （二）进出口食品贸易概况

2022 年，石家庄关区出口食品主要包括：糖及糖果、罐头、蔬菜、干坚果及制品、饮料、粮食制品、植物蛋白、杂粮杂豆、调味料、植物提取物、果干果脯、淀粉、调味品、食用植物油、酵母、酒类、乳制品、水产及制品、禽肉及制品、畜肉及制品、肠衣等。进口食品主要包括：糖类、食用植物油、酒类、粮食制品、乳品、粮食加工品、调味品、饮料等。

## 三 社会共治工作开展情况

### （一）加强部门协作配合，推进食品安全共治

石家庄海关持续加强与市场监管、农业农村、卫生健康、公安

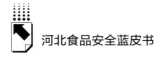

等省政府职能部门的协作配合，共同做好食品安全相关管理工作。石家庄海关作为省政府食品安全委员会成员单位，积极参与构建食品安全风险防控联系机制，加强安全风险隐患分析及综合治理，形成食品安全部门共治的良好格局。

### （二）积极组织开展"2022年全国食品安全宣传周"活动

"2022年全国食品安全宣传周"期间，石家庄海关采用多种形式开展各类宣传活动，共发放宣传材料1200余册，应邀参与河北省及各市政府举办的启动仪式7场次，同期举办主题日活动2场次，组织"食品安全进社区"、"云上课堂"、"食品安全宣传企业行"及食品安全知识讲座等线上、线下活动23场次，制作展板35块，开展现场咨询226人次，通过媒体进行活动成效宣传2期，在展现石家庄海关维护进出口食品安全方面的举措和成效、营造食品安全社会共治的良好氛围方面取得了良好的效果。

## 四 进出口食品安全监管工作开展情况

### （一）持续做好常态化进口冷链食品疫情防控工作

聚焦"疫情要防住"，统一标准、统一规范、统一实施，严格规范完成进口冷链食品口岸疫情防控各项工作任务。一是持续加强规范指导及宣贯培训，根据国务院联防联控机制及海关总署最新政策调整变化情况，及时修订印发了《石家庄海关进口食品口岸环节新冠病毒核酸检测和预防性消毒工作操作指引（第三版）》；针对《进口商品及包装新型冠状病毒检测采样作业指导书（第六版）》和《进口商品口岸新冠病毒消毒处理作业指导书（第三版）》等组织开展专题视频培训3次。二是持续提升口岸应急处置能力。编制修订《石家庄海关进口冷链食品应急处置演练脚本（第二版）》并组织开展应急处置演练 18 次。三是持续加强督导检查。研究制定进口食品业务领域疫情防控工作安全防护督查要点，组织开展针对冷链食品相关疫情防控工作人员安全防护情况的专项检查。

## （二）大力开展进口食品"国门守护"行动

一是严格落实我国境外输华食品准入管理制度，切实筑牢国门安全防线，严防未获准入的食品及未获注册的企业生产的食品流入国内市场。依法依规开展进境动植物源性食品检疫审批。二是落实进口食品"源头管控"要求，按照海关总署部署安排，积极组织开展进口食品境外输华企业评审检查。

## （三）积极推进进出口食品安全政策法规专题研究及进出口食品安全信息管理

一是按照海关总署任务分工，充分发挥石家庄海关进出口食品安全业务专家技术支撑作用，持续深入推进南亚 7 国食品安全管理体系构建及准入研究，为进出口食品安全风险防控工作提供支持。二是高质量完成海关总署交办的巴基斯坦输华干辣椒风险评估等工作任务，协助拟定《关于巴基斯坦干辣椒输华检验检疫要求议定书》，支持我国与共建"一带一路"国家进出口食品贸易的健康发展。

## （四）持续加大进出口食品安全风险管理力度

一是针对进出口食品安全领域存在的重点风险，认真梳理排查进口食品管理风险，督促严格规范执行海关总署关于进口食品、食用农产品、化妆品安全风险监测计划和布控指令要求。持续加强综合分析研判，优化指令执行，有效防范化解监管责任风险。二是与河北省市场监督管理局、河北省卫生健康委员会等部门在全省联合开展依法查处生产经营含金银箔粉食品违法行为的专项行动，督促食品进口商切实履行食品安全主体责任。三是针对全省被国外通报产品不合格的20家出口食品及中药材企业及时组织开展信息核查，积极协助企业查找原因并落实预防性控制措施。

# 专题报告
## Special Reports

**B.8**

# 我国食品安全监管历史沿革及完善
# 食品安全治理体系的思考建议

田 明 冯军*

**摘　要：** 食品安全是动态变化的过程，其内涵及监管工作重点随着
经济社会的发展不断演变，加之食品安全工作遵循预防为
主、风险管理、全程控制、社会共治的理念，因此基于历
史经验研判食品安全风险，明确下一阶段食品安全工作重
点是很有必要的。本文系统梳理了食品安全内涵的演变以
及我国食品安全监管体制机制的变迁，基于历史经验深度
剖析当前我国食品安全现状，并提出做好食品安全监管工
作的建议。

---

\* 田明，博士，国家市场监督管理总局发展研究中心副研究员，主要研究方向为食
品安全监管政策；冯军，国家市场监督管理总局发展研究中心副主任，国家重大
体育赛事食品安全专家库成员、国家卫生应急体系建设指导专家库（政策规划
领域）成员、国家卫生城市技术审评专家库成员。

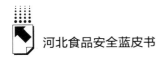

**关键词：** 食品安全　内涵演变　历史沿革

　　食品安全关系群众身体健康，关系中华民族未来。党的十八大以来，习近平总书记发表一系列重要论述，将食品安全作为重大政治任务，纳入国家战略统筹部署推进。党中央、国务院对食品安全的重视程度之高、法制建设之快、政策措施之严、改革力度之大前所未有，全国食品安全状况持续稳定向好，为全面建成小康社会做出积极贡献。进入新发展阶段，我国经济社会变革更加深刻，人民对美好生活的期待更加迫切，改革发展任务更加艰巨，对食品安全工作提出更高要求。为顺应时代的发展，确保广大人民群众"舌尖上的安全"，本文系统梳理了食品安全内涵的演变以及我国食品安全监管体制机制的变迁，基于历史经验深度剖析当前我国食品安全现状，并提出做好食品安全监管工作的建议。

# 一　食品安全内涵的演变

　　食品安全问题伴随着人类社会发展的各个阶段，但因不同社会阶段的主要矛盾不同，食品安全的关注度呈现较大差异。同时，随着经济的发展和科学技术的进步，食品工业不断转型升级，新技术、新理念为食品安全带来新风险。在社会前进的浪潮中，食品安全的内涵也在不断深化。

　　1974年，联合国粮农组织（FAO）在罗马召开世界粮食大会，首次提出"粮食安全"的概念，即"粮食安全是要保证任何人在任何时候都能够得到为了生存和健康所需要的足够食物"。此阶段，受经济发展水平影响，保证食物供给量、满足人们生存的基本需求是当务之急，粮食安全是保障食品安全的重点。[①]

1986 年，世界卫生组织（WHO）在名为《食品安全在卫生和发展中的作用》的文件中，将"食品安全"等同于"食品卫生"，定义为"生产加工储存销售和制作食品过程中确保食品安全可靠，有益于健康并且适合人消费的种种必要条件和措施"。[②]虽然近代意义的食品工业与欧洲的工业革命相伴而生，可以追溯到 18 世纪末 19 世纪初，[③] 但是此阶段食品工业在全球范围内开始全面发展，食品卫生成为食品安全关注的重点，强调食品干净、无害和无毒。

随着生活水平的日益提升，人们对食品安全的关注度越来越高，食品卫生渐渐成为食品安全问题的一部分，食品在满足消费者明确或隐含需求特性过程中的问题也日渐显现，即食品质量问题开始被关注。WHO 在 1996 年《确保食品安全与质量：加强国家食品安全控制体系指南》中明确，食品卫生是指为确保食品在食品链的各个阶段具有安全性与适宜性的所有条件与措施。这里的食品卫生聚焦食品本身，不包含食品原料的种养殖环节，强调食品卫生是实现食品安全的条件和手段，食品安全是食品卫生的目的。同样，《确保食品安全与质量：加强国家食品安全控制体系指南》中提及，食品质量包括所有影响产品对于消费者价值的其他特征，这既包括腐败、污染、变色、发臭等负面的特征；也包括色、香、味、质地以及加工方法等正面的特征。这里的食品质量是在食品卫生的基础上被提出的，也就是说有了食品安全才有食品质量。《确保食品安全与质量：加强国家食

---

① 张守文：《当前我国围绕食品安全内涵及相关立法的研究热点——兼论食品安全、食品卫生、食品质量之间关系的研究》，《食品科技》2005 年第 9 期。

② 史贤明：《食品安全与卫生学》，中国农业出版社，2003。

③ 戴小枫、张德权、武桐、张泓、孟哲、田帅、张辛欣、杨晓慧：《中国食品工业发展回顾与展望》，《农学学报》2018 年第 1 期。

品安全控制体系指南》中对食品安全的定义也有比较明晰的阐述：食品安全指的是所有对人体健康造成急性或慢性损害的危险都不存在，是一个绝对概念。① 由此可见，此阶段已经对食品安全的内涵不断延伸，相较于"食品卫生"强调食品加工操作、经营运输环节或餐饮环节特征，"食品质量"强调食品品质优劣程度，"食品安全"已经开始强调"从农田到餐桌"的全过程管控、强调综合性预防。

营养问题很早就被国际组织关注，根据1988～1990年的统计，全世界粮食产量能满足全球总人口的需要，但是某些贫穷国家有半数以上人口难以获得足够营养，即使是发达国家，也有不少家庭存在各种各样的营养不足问题。1992年，FAO和WHO在罗马联合举办世界营养史上第一届国际营养大会，会议通过《世界营养宣言》和《全球营养行动计划》，预示着全世界将联合起来为人类的营养和健康奋斗。② 随着生活水平的提高，人们对于包括营养品质在内的食品品质提出更高的要求，全球营养不良对可持续发展和健康构成多重挑战的事实也不断显现。为解决相关问题，FAO和WHO于2014年在罗马联合举办第二届国际营养大会。会议一致通过了《营养问题罗马宣言》及其行动框架。《营养问题罗马宣言》倡导人人享有获得充足、安全和营养食物的权利，强调可持续的粮食系统对于促进健康饮食至关重要。现阶段，全球约20亿人遭受微量元素缺乏症或"隐性饥饿"的困扰，肥胖给5亿人造成负担。③ 由此可见，"食品营养"是同"食品卫生""食品质量"一样影响食品安全的因素，食品营养成分指标平衡、合理才能真正保障人民群众

---

① 任端平、潘思轶、何晖、薛世军：《食品安全、食品卫生与食品质量概念辨析》，《食品科学》2006年第6期。

② 王群：《人类营养新纪元——记首届国际营养会议》，《中国健康教育》1993年第2期。

③ 《第二届国际营养大会在罗马召开》，《世界农业》2015年第1期。

的健康。营养安全是指在营养足够的基础上更合理地分配和利用营养成分，是提升生活质量的表现，属于食品安全的更高层级。

由于现行的市场经济体系建立在"自由选择"和"消费主权"的理念之上，消费主义文化的蔓延导致资源和能源以一种不可持续的方式被过度消费，对社会、经济和生态的可持续发展可能造成严重的破坏。① 食品消费是日常消费结构中的基础性消费，然而全球温室气体排放的 20% 由食品消费贡献，与食品相关的物流体系则进一步贡献了 14%。② 从个人健康来看，过量的食品消费引起的超重与肥胖对健康造成了严重威胁。研究表明，超重与肥胖人群患心血管疾病、糖尿病、部分癌症等疾病的风险显著高于普通人群；从环境和资源健康来看，过量的食品消费是导致水资源恶化、土壤退化和生物多样性降低等生态环境问题的重要原因。由此可见，在卫生安全、质量安全与营养安全交替影响人们食品安全的同时，食品可持续安全也从不同方面直接或间接地影响人们的健康和安全。

从微观层面来看，食品安全聚焦食品产品本身，关注其生产、流通过程。由于食品安全动态变化且并非零风险，因此，其重点是保障"从农田到餐桌"的过程提供最佳品质的产品，力求将可能存在的风险降至最低。从宏观层面来看，食品产品的安全除了产品本身的安全外，产品原料、原料生长环境、产品营养以及产品可持续性等方面的安全对人们的生活均产生不同程度的影响，都可被纳入食品安全的范畴。

---

① Lorek S., Vergragt P. J. Sustainable Consumption as a Systemic Challenge: inter-and Transdisciplinary Research and Research Question//Reisch L. A., Thøgersen J. Handbook of Research on Sustainable Consumption. Cheltenham: Edward Elgar Publishing, 2015.

② Haines A., Mcmichael A. J., Smith K. R., et al. Public Health Benefits of Strategies to Reduce Greenhouse-gas Emissions: Overview and Implications for Policy Makers, *The Lancet*, 2009, 374 (9707): 2104-2114.

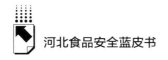
## 二 我国食品安全监管体制机制变迁

各国的食品安全监管经验表明，一个卓有成效的食品安全监管体制，虽然不是培育良好食品安全格局的充分条件，却是遏制食品安全事故频发的必要条件。①

### （一）我国古代食品安全监管体制机制

我国古代食品安全监管的发展演进主要经历了秦汉、隋唐、宋元明清三个历史阶段，并在此过程中形成了我国古代食品安全监管重视相关立法、处罚以刑罚为主和监管措施多元等基本特征。历史记载我国古代最早的食品卫生法条文为张家山汉简《二年律令》中《贼律》"诸食脯肉"简的规定。② 隋唐时期，食品安全监管的相关立法已经日臻成熟。《唐律疏议》卷一十八《贼盗律》中有与张家山汉简《二年律令》"诸食脯肉"简相似的规定，但与之相比更加完备，一是明确将生产售卖有毒脯肉行为入罪，二是在主观动机上明确区分了故意与过失，同时要求食品从业者加入行会，行会来约束食品以次充好、掺杂使假等行为。两宋是商品经济高度发达的时代，两宋政府在食品安全监管方面较以往更为完备和专业。在法律

---

① 刘鹏：《中国食品安全监管——基于体制变迁与绩效评估的实证研究》，《公共管理学报》2010 年第 2 期。

② "诸食脯肉，脯肉毒杀、伤、病人者，亟尽埶（熟）燔其余。其县官脯肉也，亦燔之。当燔弗燔，及吏主者，皆坐脯肉臧（赃），与盗同法。"大意是：（一般人）食用干肉后，如导致中毒或死亡的，应尽快、全部、认真地将余下的有毒干肉焚毁。官府发放的干肉有毒的，亦需以同样方式焚毁。应当焚毁而不焚毁，以及主管官吏不作为的，均根据所余脯肉的价值计算赃值，然后依照盗窃罪的条款予以处罚。（朱红林：《张家山汉简〈二年律令〉集释》，社会科学文献出版社，2005）

上，基本律典《宋刑统》全面沿袭《唐律疏议》中的相关规定，对侵害食品安全的不法行为予以严厉惩处。在监管上，以茶叶监管为例采取了一系列有效措施，一是严惩制售假茶行为，二是奖励举报茶叶造假者，三是实施专业的甄别评判手段。发展到清代，清政府设置了卫生司，掌管全国卫生事务。食品质量安全由严格的食品安全检验抽查制度予以保障，一是实行食品执照经营；二是实行专人对食品质量抽检；三是主管部门制定食品质量标准，全方位监管食品质量。

## （二）1949~1978年我国食品安全监管体制机制

新中国成立后，受经济发展水平限制，我国食物供应量不充足、种类较为单调，大家对食品的关注更多是供给安全问题，认为干净、卫生是食品安全的内涵，政府重点关注提高食物的供给量，以便满足公众的基本需求。在计划经济下，没有独立的食品安全专业监管机构对食品安全进行监管，食品生产经营者将"食品卫生与食品生产"合一化管理，这种情况一直持续到改革开放之前。[①] 在此期间，食品安全主要解决"吃饱"问题，但是食品消费环节中的中毒事件时有发生，属于食品卫生的范畴。因此，食品安全的管理职能最早被纳入卫生部门的职权范围之内。1950 年，我国各级地方政府开始在原防疫大队、专业防治队等的基础上自上而下地建立起了省、地（市）、县各级卫生防疫站，内设食品卫生科（组）。此外，还建立了有关的研究机构和专业机构。[②] 1954 年，卫生部颁布了《卫生防疫站暂行办法和各级卫生防疫站组织编制规定》，明确了卫生防疫站的业务范围和职责包括食品卫生等 14 项，任务聚焦"预防性、经常性卫生监督

---

① 詹承豫：《中国食品安全监管体制改革的演进逻辑及待解难题》，《南京社会科学》2019 年第 10 期。

② 武汉医学院：《营养与食品卫生学》，人民卫生出版社，1981，第 1~2 页。

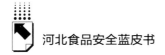

和传染病管理"①。1965 年，新中国成立以来我国第一部中央层面的综合食品卫生管理法规《食品卫生管理试行条例》颁布。此条例首次明确了作为包括食品卫生监督在内的卫生监督体系主体机构的卫生防疫站的性质、任务和工作内容，并规定了卫生防疫站的组织机构设置和人员编制，这对卫生防疫系统的发展起到了积极的推进作用。但是由于卫生防疫机构身兼卫生防疫和卫生监管双重职能，其重点是卫生防疫，食品卫生只是众多卫生监管职能中的一部分。从管理体制上看，食品卫生监督工作比较边缘化，没有成为核心职能。随着国家对农业、手工业和资本主义工商业进行社会主义改造的结束，我国食品工商业还并非一个单独产业，轻工业部门、农业部门等多个部门监管的产品中均包含食品类别，各部门也都建立了保证自身产品合格出厂销售的食品卫生检验和管理机构，食品安全监管处于分散监管阶段。②

此阶段，担负生产与服务性质的企业单位在体制上高度附属于政府部门，企业运行方面的行为受政府主管部门的严格管控，如产品价格由国家统一控制和调整，企业没有定价权。政企高度合一的体制使得企业没有出现相对独立的商业利益诉求，也没有必要冒着巨大的政治风险来弄虚作假获取生产和商业利润，企业与政府之间信息能较好地保持对称。③ 自我保护意识和安全卫生意识较低导致的食物中毒是此阶段最主要的食品安全问题。④

① 张福瑞：《对卫生防疫职能的再认识》，《中国公共卫生管理杂志》1991 年第2 期。
② 刘鹏：《中国食品安全监管——基于体制变迁与绩效评估的实证研究》，《公共管理学报》2010 年第 2 期。
③ 刘鹏：《中国食品安全监管——基于体制变迁与绩效评估的实证研究》，《公共管理学报》2010 年第 2 期。
④ 李迎月、何洁仪、马林、冯炳歧：《1970～1999 年广州市食物中毒情况分析》，《广东卫生防疫》2001 年第 2 期。

## （三）1978～2003年我国食品安全监管体制机制

改革开放后，企业开始市场化管理，此期间食品生产和经营企业基本成为独立经营的主体，由地方政府国有资产管理部门管理，或者进行股份制改造，政府对其生产产品的质量和安全进行监督管理，不再过多干预其市场经济行为，政企合一的模式基本被打破。1982年《中华人民共和国食品卫生法（试行）》出台，规定实行国家食品卫生监督制度并规定各级食品卫生监督机构、人员的职责。① 此后十多年间，我国食品工业发展突飞猛进，试行法的有些规定已经不能完全适应食品卫生方面出现的一些新情况、新问题，人民群众对食品卫生的状况还不满意。该试行法突出的问题是对食品生产经营过程中不符合卫生要求的现象和生产经营禁止生产经营食品的违法行为，尚缺乏必要的总行政执法手段，对违法行为的处罚力度不够；对人民群众普遍关心的进口食品的卫生检验问题和近于泛滥的所谓保健食品问题，没有规定或者规定不够完善。② 1995年第八届全国人大常委会第十六次会议正式通过修订后的《中华人民共和国食品卫生法》，明确规定国务院卫生行政部门主管全国食品卫生监督管理工作，包括进口食品的卫生监督，国务院农业主管部门主管种植、养殖过程，基本确立卫生部门为食品卫生监督管理的核心部门，由此形成了一套相对集中、统一的食品安全监管体系。20世纪90年代初，由于对食品安全的重视，质检部门和工商部门也分别加入食品卫生和质量的监督管理。③

---

① 王伟：《关于〈中华人民共和国食品卫生法（草案）〉的说明（摘要）》，《中华人民共和国国务院公报》1982年第19期。

② 陈敏章：《关于〈中华人民共和国食品卫生法（修订草案）〉的说明——1995年8月23日在第八届全国人民代表大会常务委员会第十五次会议上》，《中华人民共和国全国人民代表大会常务委员会公报》1995年第7期。

③ 陈君石：《中国食品安全的过去、现在和将来》，《中国食品卫生杂志》2019年第4期。

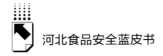

此阶段，多数家庭及个人仍缺乏饮食卫生知识，加之生产技术、经营管理等落后，食品出现质量问题引发食物中毒的现象仍然多发。同时，随着改革开放步伐的加快，一些企业为了降低成本谋取私利，开始偷工减料、掺杂掺假。① 此外，市场经济的萌芽使食品产业格局急剧变化，各类经营主体进入，甚至出现食品中添加药品等情节严重的违法行为。②

### （四）2003~2013年我国食品安全监管体制机制

2003 年，国家明确加强食品安全监管体制建设、探索独立机构行使综合监管职能的改革思路。国家在原药监局的基础上组建成立食品药品监督管理局，明确其在食品安全监管领域的综合监督和组织协调职能。2004 年 9 月，国务院出台《国务院关于进一步加强食品安全工作的决定》，首次提出食品安全监管按照一个监管环节由一个部门监管的原则，采取以分段监管为主、以品种监管为辅的方式，进一步理顺监管职能，明确监管责任。其中"农业部门负责初级农产品生产环节的监管、质检部门负责食品加工环节的监管、工商部门负责食品流通环节的监管、卫生部门负责餐饮业和食堂等消费环节的监管；食品药品监督管理部门组织对食品安全的综合监督、组织协调和依法组织查处重大事故"③。食品安全监管体制正式从卫生部门主导的体制变为"五龙治水"的多部门分段监管体制。2009年，《中华人民共和国食品安全法》《中华人民共和国食品安全法实

---

① 王守伟、周清杰、臧明伍：《食品安全与经济发展关系研究》，中国质检出版社，2016，第33~34页。

② 王伟：《关于〈中华人民共和国食品卫生法（草案）〉的说明（摘要）》，《中华人民共和国国务院公报》1982 年第 19 期。

③ 《卫生部关于认真贯彻落实〈国务院关于进一步加强食品安全工作的决定〉加强食品卫生工作的通知》，《中华人民共和国卫生部公报》2004 年第 12 期。

施条例》颁布实施。2010 年，国务院设立食品安全委员会，其作为国务院食品安全工作的高层次议事协调机构，主要承担分析全国食品安全形势，研究部署、统筹指导食品安全工作，提出食品安全监管的重大政策措施，督促落实食品安全监管责任等职能。2013 年，我国食品安全监管体制再一次改革，除初级农产品食用安全性监管保留在原农业部，食品相关产品的监管和进出口食品监管保留在原国家质检总局外，食品加工生产、运输、储存、流通和餐饮环节的监管职能均被纳入新组建成立的国家食品药品监督管理总局，同时国家食品药品监督管理总局加挂国务院食品安全办公室的牌子，因此兼有政策和规划制定、综合协调、重大事故处理和重大信息发布等职责。此次改革从体制上减少了监管部门的数量，独立监管和综合监管的格局初步形成。①

此阶段，来自种植、养殖环节农、兽药残留超标以及加工环节超范围、超量使用食品添加剂成为食品安全领域的突出问题。同时，我国市场经济体制改革步伐加快，社会公众权利意识提高，人们对食品安全的关注度越来越高，食品安全问题呈现的形式趋于多元化和复杂化。

## （五）2013年至今我国食品安全监管体制机制

十八届三中全会通过的《中共中央关于全面深化改革若干重大问题的决定》明确将食品药品安全纳入公共安全体系。党的十八大以来，我国食品安全工作体制不断变化，工作合力不断加强。从纵向看，国家、省、市、县四级都成立了食品安全委员会及食品安全办公室，统筹协调食品安全工作。从横向看，国务院食品安全委员会成员

①　陈君石：《中国食品安全的过去、现在和将来》，《中国食品卫生杂志》2019 年第 4 期。

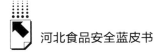
单位增至 24 个，成员单位各司其职，统一权威的食品安全"一盘棋"工作格局加速形成。从市场监管系统看，"协调+监管"相一致的食品安全工作体系基本成形。市场监管的相关职能协调统一，国家、省、市、县、乡"五级贯通"的食品安全监管队伍逐渐健全，纵向到底、横向到边的监管网络不断壮大。[①] 2015 年修订后的《中华人民共和国食品安全法》颁布实施。2018 年，国务院组建了国家市场监督管理总局，将食品安全监管工作纳入其职能范畴。2019 年，中共中央、国务院印发《中共中央、国务院关于深化改革加强食品安全工作的意见》，中共中央办公厅、国务院办公厅印发《地方党政领导干部食品安全责任制规定》，为进一步实现食品安全工作有法可依、依法行政奠定了制度基础。2022 年，国务院食品安全委员会印发通知，在全国部署实施食品安全分层分级、精准防控、末端发力、终端见效的责任包保工作机制，由地方党政领导干部直接包保食品企业，直接对食品安全状况负责。[②] 国家市场监督管理总局发布《企业落实食品安全主体责任监督管理规定》，旨在强化企业主要负责人的食品安全责任，守住食品安全底线，切实保障人民群众"舌尖上的安全"。

此阶段，我国食品安全治理工作取得明显成效，全国没有发生区域性、系统性食品安全问题，保持了稳中加固、稳定向好的态势。但是环境污染对食品安全的影响不断显现，如重金属、半挥发性有机物随着食物链生物富集和放大，最终进入食品中，危害不容小觑。同时，食源性病原微生物及其耐药性风险突出，粮油食品质量欠佳促生食品营养安全问题，食品欺诈依然是引发我

① 冯军、徐乃莹、田明、孙璐、秦轩：《食品安全工作十年回顾与思考》，《中国市场监管研究》2023 年第 4 期。

② 王铁汉：《切实做好新征程上的食品安全工作》，《学习时报》2023 年 2 月 13 日。

国食品问题的主要因素。此外，新产业、新业态构成了食品安全新风险。①

# 三 现阶段我国食品安全问题特点

我国是人口大国，也是食品生产和消费大国，产业环境复杂，风险挑战多元。食品安全与食品科学密切相关，同时涉及化学、物理、生物、农学、环境、管理等多个学科领域，随着食品安全科学属性之外的其他属性不断强化，食品安全问题呈现多元化特点。

## （一）从源头看，食用农产品和粮食质量安全风险不容忽视

监督抽检数据显示，2020~2022 年 3 个年度农药兽药残留超标均是食品抽检不合格的最主要因素，占抽检不合格产品的比例分别为35.3%②、37.5%③和41.2%④，呈逐年增加趋势。粮食消费量的增长仍快于产量的增长，粮食生产和消费长期处于"紧平衡"状态，当前我国粮食总产量已经超过 6.8 亿吨，但是我国粮食消费量超过 8.3 亿吨，每年从国际市场进口 1.5 亿吨粮食已成为一种常态。此外，个别地区粮食重金属超标问题较为严重，治理难度大、周期长。

---

① 庞国芳等主编《中国食品安全现状、问题及对策战略研究（第二辑）》，科学出版社，2020，第 57~58 页。

② 《市场监管总局关于 2020 年市场监管部门食品安全监督抽检情况的通告〔2021 年第 20 号〕》，https：//www.samr.gov.cn/spcjs/xxfb/art/2021/art_ 11225bc91 3f3437fb658c0965ffd1ee9.html。

③ 《市场监管总局关于 2021 年市场监管部门食品安全监督抽检情况的通告〔2022 年第 15 号〕》，https：//www.samr.gov.cn/spcjs/xxfb/art/2022/art_ 3f3e007258 9a478a97e337bdaec307d7.html。

④ 《市场监管总局关于 2022 年市场监管部门食品安全监督抽检情况的通告〔2023 年第 12 号〕》，https：//www.samr.gov.cn/spcjs/xxfb/art/2023/art_ 37cd3b13d 9d3426a80f933802d76cd90.html。

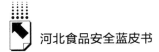
上述问题与农业发展现状息息相关。一是我国农业仍以小农户分散经营为主，户均耕地面积不足 10 亩，产业集中度较低，推行标准化、规范化农业生产难度较大。我国初级农业加工率低于30%，二级以上的农业加工率不到 50%，而发达国家农产品加工比例高达 80%～90%，差距较大。二是农药、兽药生产、经营、使用的监测网络不健全，基层力量薄弱、手段缺失，对规范用药缺少有效监管，例如存在向养殖主体销售原料药、化学中间体、人用药品、"自家苗"、假兽药等严重违法行为，存在超范围用药、超剂量用药、超时限用药"三超"违规行为，以及不记录用药情况、用药信息填写不准确等行为。三是产业发展质量依然不高，当前我国农产品加工业与农业总产值之比为 2.3∶1，远低于发达国家 3.5∶1 的水平，农产品加工转化率约为 67.5%，低于发达国家 85% 的水平。① 此外，从食品工业产值和农业生产总值的比例来看，发达国家为 2.0∶1～3.7∶1，而我国仅为 1.7∶1，与发达国家的差距明显。② 作为食品的源头，农产品质量安全对食品安全的影响是根本性、结构性的，产业欠发达、产品风险高将严重制约食品安全水平。

### （二）从生产加工看，非法添加、假冒伪劣等问题尚未根除

调查显示，在群众最为担心的 5 类食品安全问题中，滥用食品添

① 《农业农村部关于印发〈全国乡村产业发展规划（2020-2025 年）〉的通知（农产发〔2020〕4 号）》，http://www.moa.gov.cn/govpublic/XZQYJ/202007/t20200716_6348795.htm；《国民经济行业分类》（GB/T4754-2017），https://www.mca.gov.cn/images3/www/file/201711/1509495881341.pdf；曾光、张拓、聂鑫：《集聚外部性、企业动态演化与县域农产品加工业全要素生产率增长》，《产业经济研究》2023 年第 2 期。

② 梁伙有：《我国农产品加工发展现状及对策分析》，《南方农机》2023 年第 11 期。

加剂或非法添加化学物质被认为是当前与未来食品安全面临的最大风险，占比高达 77.30%。[①] 代用茶、压片糖果等普通食品中非法添加药物，宣称具有减肥、治疗等功能的问题时有发生。劣质食品、过期食品、"山寨"食品、"三无"食品等依然存在，不同程度危害着消费者健康。

究其原因，一是部分生产经营者法律意识、诚信意识不强，主体责任落实不到位，个别不法分子为牟取暴利不择手段，存在主观恶意。二是企业的风险控制水平不高，对生产加工过程管理不规范。我国实施危害分析与关键控制点体系（HACCP）、良好生产规范（GMP）、良好农业规范（GAP）的认证时间比发达国家晚 20 年左右，获得认证的企业占比依然较小，地区分布不均衡。三是受不确定性因素影响，部分食品企业面临成本增加、利润收窄、经营困难等压力，存在以次充好、过期翻新等风险。

## （三）从流通销售看，责任闭环尚未真正形成

部分地区抽检发现的不合格食用农产品中，还存在追溯信息"断链"的情况，无法追溯到产地源头，难以对生产者实施有效监管，导致类似问题"年年检、年年有"。有的地方各主体间进货查验、索证索票制度落实不到位。对于食品储存和运输环节、网络直播带货等新业态的监管，部门间职责还不清晰。

究其原因，一是相关票证难以证明合格。经营者在进货查验、索证索票时，难以判断动物产品检疫合格证、肉品品质检验合格证、食用农产品合格证的真实性。特别是食用农产品合格证，由生产者自控自检、自我承诺、自我开具，合格证明的效力更加难以保证。二是信息化追溯系统建设滞后。部分地区仍停留在使用纸质票据阶段，信息

---

① 《中国公众食品安全评价的网络调查报告》，《中国社会科学报》2023 年 5 月 12 日。

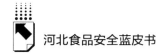

传递方式落后。已建立追溯系统的地区，大多只对食品流向进行追溯，未记录农药兽药用量、休药期等安全信息，食品安全主体责任还未压实。全国尚未建立统一的食品安全信息追溯平台，影响追溯效果。三是协作机制不健全。部门间、地区间相互通报不合格产品信息后，一般不再跟进对方办理情况，对问题是否解决、如何解决不掌握、不清楚，这也反映出部门间、地区间工作还存在间隙，准入准出衔接不够严密，督促落实制度还不健全，综合协调作用发挥不充分。

### （四）从餐饮服务看，网络订餐环节问题突出

从经济收入来看，2022 年全国外卖餐饮行业市场规模约为9417.4 亿元，是 2020 年的 1.42 倍，约占整体餐饮收入的 22%。从服务主体来看，全国外卖企业注册量由 2016 年的 8848 家迅速增长到2021 年的 197 万家。从用户规模来看，截至 2021 年 12 月，我国网上外卖用户规模达 5.44 亿人，较 2020 年 12 月增加 1.25 亿人，占整体网民的 52.7%。随着经济的发展、人们生活节奏的加快，网络订餐不断发展，网络订餐的问题也不断显现，如平台主体责任落实不到位、审核把关不严、餐饮主体证照不全、门店环境"脏乱差"引发食源性疾病等问题屡有曝光。2022 年中国公众食品安全评价的网络调查显示，63.55%的公众对网络外卖餐饮食品评价为一般，认为有很大的改进空间。①

究其原因，一是平台法律意识淡薄或对相关法规理解不准确，未有效履行食品安全责任，对入驻商家审核把关不严。二是网络订餐属于新兴业态，涉及线上和线下监管、加工和配送环节，且餐饮门店与订餐平台往往分属不同地区，客观上造成了工作脱节，尚未实现有效监管。

---

① 《中国公众食品安全评价的网络调查报告》，《中国社会科学报》2023 年 5 月 12 日。

## （五）从技术支撑看，还存在短板弱项

食品安全标准体系仍不完善，食品添加剂有 2300 多个品种，[①] 截至 2022 年 11 月只有 651 种有标准[②]。农药残留限量指标数量为 10092 项[③]，仅为美国的 1/7、日本的 1/8、欧盟的 1/23。各地检验检测水平差距较大，部分地区检验检测能力偏弱、项目不全，有的市县需要将样本送检至省会城市，影响监管执法效率。

究其原因，一是基础研究不够，在总膳食研究、毒理学研究、危害因素评估、健康指导值测算等方面积累不足，地区间检验检测投入不平衡，食品安全重点实验室建设相对滞后。二是食品安全标准重立项、轻考核，前期调研不充分、数据不翔实的现象仍有存在，导致标准制定与监管执行脱节，部分未知风险尚未被纳入监管范围。三是食品安全标准制修订周期长，修订频次高、效率低，从立项到发布平均周期 4 年，监管急需的标准缺少快速制修订程序，国际标准转化率偏低。

## （六）从能力建设看，基层基础还比较薄弱

我国每万人配备食品安全监管人员约为 0.7 人（美国为 3.6 人），基层事多人少的矛盾突出，很多基层仅有 3~5 名相关工作人员，人均监管食品生产经营主体几百家，人手严重不足。有些人员专业化水平不高，多数省份缺少专业化检查员队伍，对生产工艺复杂的大型企

---

① 《食品安全国家标准—食品添加剂使用标准》（GB 2760-2014），http://www.nhc.gov.cn/sps/s3593/201505/4c7fce389d554490920c37c30b93b8cc.shtml。

② 《食品安全国家标准目录》（截至 2022 年 2 月共 1419 项），http://www.nhc.gov.cn/sps/s7891/202202/abb7090ad744405fba8244893839206d.shtml。

③ 《我国农药残留限量标准突破 1 万项全面覆盖我国批准使用的农药品种和主要植物源性农产品》，http://www.moa.gov.cn/xw/zwdt/202104/t20210401_6365132.htm。

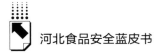

业难以实施有效监管。

究其原因，一是人才流失，地方普遍反映队伍老化，机构改革后大量年轻人员、专业人才被调转至其他部门。二是监管主业受到冲击，部分地区监管人员承担了市场监管之外的大量工作，还有的地区成立行政审批局、综合执法局，造成审批与监管、监管与执法"两分离"，影响食品安全监管工作效果。三是智慧监管、信用监管等新型监管模式尚未完全建立，与超大规模的市场需求、不断涌现的新兴业态和快速发展的数字经济不相适应。

# 四　做好食品安全监管工作的建议

进入新发展阶段，面对新形势、新任务、新挑战，立足"十四五"时期重点任务和2035年远景目标，做好食品安全工作需始终坚持政治引领，推动·"四个最严""党政同责"等要求真正落实落地；始终坚持人民至上，加快推进食品安全治理体系现代化，不断满足人民群众对食品安全的新期待、新要求；始终坚持问题导向，完善发现问题、解决问题的制度机制，防范化解风险隐患，提升食品安全保障水平；始终坚持改革创新，着力构建与超大规模市场相适应的食品安全治理新模式，提高全过程监管能力和治理效能。

具体到工作中，主要是抓好"四个统筹"、做到"两个并重"、实现"两个转变"：在工作定位上，统筹好发展与安全的关系，做到"守底线"与"拉高线"并重；在工作理念上，统筹好自律与他律的关系，做到落实监管责任与压实主体责任并重；在工作思路上，统筹好政府与社会的关系，实现由"监管"向"治理"的转变；在工作方式上，统筹好传承与创新的关系，实现由传统模式向智慧监管、信用监管等新型监管模式的转变。

## （一）采取过硬措施，压紧压实企业主体责任

一是推进信息化追溯。整合目前散在于相关部门的食品安全追溯系统，建成全国统一的食品安全信息追溯平台，完善国家食品安全全过程追溯制度，打造"从农田到餐桌"完整的责任链条。二是实行信用监管。在国家企业信用信息公示系统的基础上，将企业信息与食品安全信息有效对接，完善食品生产经营者信用档案，强化信用分级分类管理，为实施信用联合惩戒提供支撑。三是发挥品牌引领作用。顺应消费升级需要，深入实施食品领域品牌提升行动，推动优质优价，通过市场机制作用，引导企业主动提升自我管理、自我约束的意识和能力。四是强化监管执法震慑。聚焦群众反映强烈、突破道德底线的食品安全突出问题，集中查办、公布一批典型案件，持续释放从严信号。

## （二）强化责任倒逼，推动食用农产品源头治理

以责任倒逼推动种植养殖环节加强源头治理。一方面，要严把市场准入关口。加大对市场销售食用农产品的检查和抽检力度，对农药和兽药残留、重金属超标等问题从严从重处罚，通过下游"扎紧篱笆"推动上游规范管理。另一方面，要强化压力传导。健全跨部门督促落实机制，对监管执法中发现的食用农产品问题，层层向上游通报，及时跟进处置情况，形成全链条责任闭环，推动各环节调查处理到位、整改落实到位。

## （三）提升标准深度，发挥好标准支撑监管和引领发展的基础性作用

进一步深化对标准内涵的认识，提升食品安全标准的实用性、针对性。一是完善食品安全标准体系。建立强制性标准与推荐性标准相

结合，国家标准与地方标准、企业标准相互补充，安全指标与质量指标相互协同的多层次标准体系。二是建立标准立项评估和考核制度。充分考虑监管实际需要，定期组织标准立项跨部门会商，对标准的必要性、实用性、可操作性进行联合评估。加强对标准制定机构的考核管理，提升标准制修订质量和效率。三是拓展标准制修订渠道。建立国际标准转化和企业参与机制，对没有食品安全国家标准的，加快吸收借鉴发达国家和地区标准，重点制定完善农兽药残留、环境污染物等方面的限量指标。四是加大基础研究力度。加快推进食品安全国家重点实验室建设，加大风险监测评估等基础研究投入。五是探索改革标准管理机制。突出实用性导向，按照"谁使用谁制定"原则，充分发挥监管部门、企业在标准制修订过程中的作用，让标准真正满足监管实际需要。

## （四）深化改革创新，提升食品安全治理效能

用好新技术和信息化手段，充分调动社会各方力量，提升食品安全治理效能。一是推进智慧监管。加强顶层设计，研发国家食品安全监管综合信息系统，建立食品安全全领域数据库，完善数据管理和分析评估机制，以信息化技术赋能食品安全监管，破解事多人少难题。二是鼓励消费者监督。借鉴"朝阳群众"等模式，探索建立食品安全志愿者队伍，进一步畅通投诉举报渠道，完善举报奖励制度，从"少数人监管多数人"转变为"多数人监督少数人"。三是发挥第三方机构作用。借助保险、金融机构力量，完善食品安全责任保险机制，在前期试点基础上，鼓励各地创新保险模式、扩大承保范围、完善服务流程，引导更多企业积极参与，发挥好保险的他律作用。四是加快食品安全管理体系认证。"十四五"期间，在规模以上食品工业企业全面推行 HACCP 等质量体系认证，推动企业加强过程控制和规范管理。

## （五）健全制度机制，强化综合协调作用

发挥好各级食安委、食安办统筹协调作用，强化制度机制建设，推动形成齐抓共管合力。一是贯彻落实"两个责任"。全面推动食品安全分层分级、精准防控、末端发力、终端见效的工作机制落地见效。二是建立通报约谈制度。对造成重大影响的食品安全问题，及时通报约谈地方政府和监管部门，进一步推动落实党政同责要求，压实食品安全属地管理责任。三是完善督促调度机制。每季度调度各地区、各有关部门工作进展，每半年综合研判风险、评估分析形势。四是改革考核评价方式。在对省级人民政府的评议考核基础上，逐步将产业发展、社会评价、群众感知等指标纳入综合评价体系，更加客观、全面地反映食品安全工作成效，更好地发挥评议考核的"指挥棒"作用。

# B.9
# 食品中内源性有害物
# 新型检测技术研究进展

胡高爽　郝建雄*

**摘　要：** 食品原料本身和食品加工过程产生的内源性有害物等带来的食品安全问题成为近年来的研究热点。为保障人民群众"舌尖上的安全"，检测技术也必须不断更新。本文对食品中常见内源性有害物的新型检测技术进行了综述，包括基于纳米材料的色谱质谱分析技术、新模式免疫分析技术、基于适配体的新型检测技术和新模式分子印迹技术，以期为食品中内源性有害物新型检测技术发展提供参考。

**关键词：** 食品　内源性有害物　新型检测技术

食品安全关系着国计民生，在国民经济和社会发展中占据非常重要的战略地位，是实现"健康中国"伟大战略目标的重要组成部分。①

* 胡高爽，河北科技大学食品与生物学院副教授，主要研究方向为食品检测技术；郝建雄，河北科技大学食品与生物学院教授，主要研究方向为食品安全控制技术。
① 罗杰、密忠祥、宫殿荣等：《我国食品安全战略解析与建议》，《食品科学》2018 年第 11 期；H. Chen, H. Singh, N. Bhardwaj, et al. , An Exploration on the Toxicity Mechanisms of Phytotoxins and Their Potential Utilities. *Critical Reviews in Environmental Science and Technology*, 2022, 52（3）: 395-435. DOI: https://doi. org/10. 1080/10643389. 2020. 1823172。

随着经济社会的飞速发展和人民生活水平的不断提高，人们对食品的消费要求已由数量型向质量型转变，要求食品更营养、更安全；特别是在后疫情时代，全社会和广大民众对食品安全与人类健康的关注程度进一步提升。此外，食品加工过程和食品原料本身产生的内源性有害物等带来的食品安全新问题更成为民众关注的焦点。

# 一　食品中生物毒素新型检测技术研究进展

生物毒素是食品产品中常见的一种内源性污染物，种类繁多、结构各异，根据其来源可分为植物毒素、动物毒素、微生物毒素及海洋生物毒素等。植物毒素是由植物或植物病原体通过自然发生的生物化学反应合成的有毒物质。例如，一些野生蘑菇含有毒蕈碱，人体摄入后会引起恶心、意识混乱、腹泻、幻觉和流涎。[1] 海洋生物毒素主要包括石房蛤毒素、软骨藻酸、河豚毒素、雪卡毒素等。[2] 微生物毒素主要包括真菌毒素、细菌毒素和单细胞藻类毒素等。真菌毒素是由真菌产生的有毒代谢产物，按化学结构来分，目前已知的真菌毒素有300多种，具有代表性的有黄曲霉毒素（AFT）、脱氧雪腐镰刀菌烯醇（DON）、展青霉素（PTL）、赭曲霉毒素（OTA）、玉米赤霉烯酮（ZEA）、单端孢酶烯族毒素（TS）、伏马毒素（FB）等。[3] 真菌毒素

---

[1]　H. Chen, H. Singh, N. Bhardwaj, et al., An Exploration on the Toxicity Mechanisms of Phytotoxins and Their Potential Utilities. *Critical Reviews in Environmental Science and Technology*, 2022, 52 (3): 395-435. DOI: https://doi.org/10.1080/10643389.2020.1823172.

[2]　S. Morabito, S. Silvestro, C. Faggio, How the Marine Biotoxins Affect Human Health. *Natural Product Research*, 2018, 32 (6): 621-31. DOI: 10.1080/14786419.2017.1329734.

[3]　戴海蓉、梁思慧、王春民、许茜：《同时检测食品中多种类真菌毒素的研究进展》，《中国食品学报》2022年第8期。

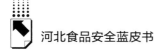
不仅会导致食品腐败变质、品质降低，而且会给人类和动物带来严重的健康风险。[1] 细菌毒素主要分为内毒素和肠毒素两类，细菌毒素会通过靶向蛋白质分子和一些免疫调节过程产生作用，常见的有霍乱肠毒素、蓖麻毒素、葡萄球菌肠毒素（staphylococcal enterotoxin B，SEB）和志贺毒素等。[2]

## （一）基于纳米材料的色谱质谱分析技术

色谱质谱分析技术是仪器分析法中十分重要的研究内容之一，是目前食品安全检测最常用的方法之一。王朝霞等[3]通过优化样品前处理步骤（包括液液萃取和氮吹浓缩等）和色谱分离条件，构建了能够实现食用植物油中毒黄素、路霉素和热诚菌素快速测定的高效液相色谱方法。最终得出该方法针对毒黄素、路霉素和热诚菌素的方法检出限（S/N≥3）均为0.8mg/kg。样品分析结果表明，该方法针对毒黄素的回收率为98.93%～109.44%，针对路霉素的回收率为102.85%～109.77%，针对热诚菌素的回收率为95.26%～101.54%。

① 邓诣群、林如琴、吴思婷等：《呕吐毒素的毒理机制及防治策略研究进展》，《华南农业大学学报》2022年第6期；V. Ostry, F. Malir, J. Toman, et al., Mycotoxins as Human Carcinogens—the IARC Monographs Classification. *Mycotoxin Research*, 2017, 33: 65-73. DOI: 10.1007/s12550-016-0265-7；杨倩、刘艳琴、赵男等：《食品中展青霉素的研究进展》，《食品研究与开发》2017年第8期；孟晓、李景明、杨丽丽等：《农产品中真菌毒素的微生物脱除研究进展》，《中国食品学报》2023年第4期；邢常瑞、郑欣、董雪等：《免疫快速同步检测玉米中五种真菌毒素胶体金试纸条的构建和应用》，《中国粮油学报》2023年第6期。

② R. Gupta, N. Raza, S. K. et al., Advances in Nanomaterial-based Electrochemical Biosensors for the Detection of Microbial Toxins, Pathogenic Bacteria in Food Matrices. Journal of Hazardous Materials, 2021, 401: 123379. DOI: 10.1016/j.jhazmat.2020.123379.

③ 王朝霞、尹芳平、汪辉等：《液液萃取-高效液相色谱法同时测定植物油中的毒黄素、路霉素和热诚菌素》，《中国粮油学报》2022年第1期。

该方法表现出灵敏度高、准确性高的特点，但是其需要复杂的样品前处理步骤，不仅萃取效率低，而且费时费力，同时还需要消耗大量有机溶剂，已经成为制约分析检测方法的瓶颈。近年来，纳米材料由于其比表面积大、化学和热稳定性良好的特性，在样品前处理领域引起越来越多的关注。ZIF-67 作为 MOFs 材料的一种，具有比表面积大、孔隙率高、化学和热力学稳定性好等优点，是一种优良的吸附材料，[①] 可以通过 $\pi-\pi$ 共轭作用、分子间氢键和配位作用等对一些具有特定官能团的客体分子进行选择性吸附。[②] 通过 ZIF-67 包埋 $Fe_3O_4$ 粒子制备的新型磁性 ZIF-67 纳米粒子不仅具有较高的吸附性能（可以通过氢键作用吸附小麦中的蛋白质和淀粉等，达到消除复杂基质干扰的目的），还具有磁性固相萃取快速的优势。利用磁性 ZIF-67 纳米材料构建的 QuEChERS-超高效液相色谱-串联质谱法（UPLC-MS/MS）可用于同时检测小麦中的 17 种真菌毒素，方法定量限（LOQs）为 0.1～10.0 ng/mL。相较于 PSA、C18 等传统净化剂，基于新型纳米粒子的净化剂表现出净化效果好、速度快等优势。最终实验结果表明，上述方法能够作为小麦中多种真菌毒素的高灵敏同步检测的有效手段。

## （二）新模式免疫分析技术

### 1. 基于纳米酶标记免疫分析技术

2007 年，我国科学家首次提出了纳米酶（Nanozymes）的概念。

① G. Zhong, D. Liu, J. Zhang, The Application of ZIF - 67 and Its Derivatives: Adsorption, Separation, Electrochemistry and Catalysts. *Journal of Materials Chemistry A*, 2018, 6 (5): 1887-99. DOI: 10.1039/C7TA08268A.

② 韦迪哲、王蒙、翟文磊：《基于磁性 ZIF-67 纳米材料的 QuEChERS-超高效液相色谱-串联质谱技术同时检测小麦中 17 种真菌毒素》，《食品安全质量检测学报》2022 年第 23 期。

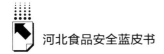
2022 年纳米酶技术被国际理论（化学）与应用化学联合会（IUPAC）评为十大化学新兴技术。纳米酶是一类既保留了纳米材料本身的理化性质，又有类似酶催化功能的纳米材料。相较于天然酶，纳米酶表现出稳定性好、容易规模化生产和具有多酶活性等优势①，将其应用于食品安全分析检测领域具有显著的优势。从材料构成来看，纳米酶主要包括金属氧化物纳米酶②、贵金属纳米酶、碳基材料纳米酶③及金属有机骨架材料纳米酶④等。从功能上来看，纳米酶的模拟对象主要有过氧化物酶、氧化酶、还原酶、水解酶等。Xu 等⑤采用金属有机

① F. Manea, F. Dr, L. Pasquato, et al., Nanozymes: Gold-nanoparticle-based transphosphorylation Catalysts. *Angewandte Chemie International Edition*, 2004, 43 (45): 6165-9. DOI: https://doi.org/10.1002/anie.200460649; 范克龙、高利增、魏辉等:《纳米酶》,《化学进展》2023 年第 1 期; J. Yao, Y. Cheng, M. Zhou, et al., ROS Scavenging MN 3O4 Nanozymes for in Vivo Anti-inflammation. Chemical Science, 2018, 9 (11): 2927-2933. DOI: 10.1039/c7sc05476a; W. Chen, Q. Chen, Q. Chen, et al., Biomedical Polymers: Synthesis, Properties, and Applications. *Science China Chemistry*, 2022, 65 (6): 1010-1075. DOI: 10.1007/s11426-022-1243-5; S. Zhao, Y. Li, Q. Liu, et al., An Orally Administered CeO2@ Montmorillonite Nanozyme Targets Inflammation for Inflammatory Bowel Disease Therapy. *Advanced Functional Materials*, 2020, 30 (45): 2004692. DOI: 10.1002/adfm.202004692.

② N. Alizadeh, A. Salimi, Multienzymes Activity of Metals and Metal Oxide Nanomaterials: Applications from Biotechnology to Medicine and Environmental Engineering. *Journal of Nanobiotechnology*, 2021, 19 (1): 1-31. DOI: 10.1186/s12951-021-00771-1.

③ Y. Zhu, J. Wu, L. Han, et al., Nanozyme Sensor Arrays Based on Heteroatom-doped Graphene for Detecting Pesticides. Analytical Chemistry, 2020, 92 (11): 7444-52. DOI: 10.1021/acs.analchem.9b05110.

④ W. Chen, V. Margarita, A. Kozell, et al., Cu2 +-Modified Metal-Organic Framework Nanoparticles: A Peroxidase-Mimicking Nanoenzyme. *Small*, 2018, 14 (5): 1703149. DOI: 10.1002/smll.201703149.

⑤ Z. Xu, L. Long, Y. Chen, et al., A Nanozyme-linked Immunosorbent Assay Based on Metal-organic Frameworks (MOFs) for Sensitive Detection of Aflatoxin B1. Food Chemistry, 2021, 338: 128039. DOI: 10.1016/j.foodchem.2020.128039.

框架材料 Fe-MOFs（MIL-88）代替天然辣根过氧化物酶（Horse radish peroxidase，HRP）来催化显色系统，建立了一种新型的基于 MOF 材料的纳米酶联免疫吸附方法（MOFLISA），实现了雀巢花生奶和蚕丝豆奶样品中黄曲霉毒素 $B_1$ 的高灵敏检测，方法检出限能够达到 0.009 ng/mL，线性范围为 0.01~20 ng/mL。

2. 基于新型标记材料的纸基传感技术

纸基传感器即试纸条类型的快检产品，具有价格低廉、检测快速、操作简单等优点，是常用的快检产品。[1] 然而传统纸基传感器采用胶体金作为信号标记物，存在稳定性差、易受基质干扰等缺点。近年来一些基于新型纳米粒子的纸基传感器受到越来越多的关注，其利用新型纳米粒子作为标记物代替传统胶体金，可显著提升现有免疫层析方法的灵敏度和稳定性。

（1）贵金属纳米粒子纸基传感技术

Jia 等[2]利用 SiO$_2$@ Au NPs 制备了新型的表面增强拉曼散射（SERS）标签，并开发了一种基于 SERS 的新模式侧流免疫层析试纸条，用于蓖麻毒素、葡萄球菌肠毒素 B 和肉毒杆菌神经毒素 A 的特异性和高灵敏度检测。利用贵金属纳米粒子制备的 SERS 标签具有重量轻、粒度均匀、分散性好、SERS 性能高等优点。该试纸条针对蓖麻毒素、葡萄球菌肠毒素 B 和肉毒杆菌神经毒素 A 的检出限分别能够达到 0.1 ng/mL、0.05 ng/mL 和 0.1 ng/mL。相较于传统胶体金免疫层析试纸条，该方法的灵敏度提升了 100 倍，且同批次试纸具有良好的重

---

① 熊朝、郭婷、周莹等：《基于先进材料的纸基传感器在多毒素联合检测中的应用》，《中国食品学报》2022 年第 4 期；陈洋、杨湛森、王鑫等：《纸上微型实验室在食品检测领域的研究进展》，《食品科学》2023 年第 3 期。

② X. Jia, K. Wang, X. Li, et al., Highly Sensitive Detection of Three Protein Toxins Via SERS-lateral Flow Immunoassay Based on SiO$_2$@ Au Nanoparticles. *Nanomedicine: Nanotechnology, Biology and Medicine*, 2022, 41: 102522. DOI: 10.1016/j. nano. 2022. 102522.

复性。此外，测试能够在 15 分钟内完成，表明该试纸条可用于蓖麻毒素、葡萄球菌肠毒素 B 和肉毒杆菌神经毒素 A 的快速和现场检测。

（2）荧光纳米粒子纸基传感技术

荧光纳米粒子具有荧光强度高、稳定性好、生物相容性好、不易被光漂白等特点，目前已被广泛应用于免疫分析技术中。[①] 荧光微球是一种常见的荧光纳米粒子，其表面修饰羧基可以共价结合抗体，同时其稳定的荧光信号可以作为信号标记物提升检测性能。Zhang 等[②]建立了基于荧光微球的免疫层析技术，并成功应用于牛奶中黄曲霉毒素 $M_1$ 的快速检测。在最佳条件下，该方法的 $IC_{50}$ 值为 36.3 ng/L，样品回收率为 76.6% ~ 110.8%，变异系数为 4% ~ 14.7%。结果表明，应用该方法检测牛奶中 $AFM_1$ 残留具有简便、快速、灵敏度高、特异性强的特点。量子点（Quantum dots，QDs）是一类粒径为 1 ~ 10nm，由 Ⅱ - Ⅵ 族（如 CdTe，CdSe，ZnSe 等）或 Ⅲ - Ⅴ 族（如 InAs 等）元素组成的纳米颗粒。[③] 与传统的荧光染料相比，量子点具有激发光谱

① 韦庆益、林轩然、张佩瑶等：《基于金纳米粒子的荧光适配体传感器检测食品中的 17β-雌二醇》，《食品科学》2023 年第 14 期；张雯婧、侯丽丽、董建国等：《基于姜黄素负载的上转换纳米传感体系测定生物样品中的铜离子》，《分析试验室》2023 年第 2 期；张洁、张越诚、李承佳等：《基于 FRET 效应的碳量子点/银纳米粒子荧光探针测定西咪替丁的研究》，《分析测试学报》2020 年第 7 期。

② X. Zhang, K. Wen, Z. Wang, et al. , An Ultra-sensitive Monoclonal Antibody-Based Fluorescent Microsphere Immunochromatographic Test Strip Assay for Detecting Aflatoxin M1 in Milk. *Food Control*, 2016, 60：588-95. DOI：10.1016/j.foodcont. 2015.08.040.

③ G. Hu, W. Sheng, S. Li, et al. , Quantum Dot Based Multiplex Fluorescence Quenching Immune Chromatographic Strips for the Simultaneous Determination of Sulfonamide and Fluoroquinolone Residues in Chicken Samples. RSC Advances, 2017, 7 (49)：31123-8. DOI：10.1039/C7RA01753G; G. Hu, W. Sheng, J. Li, et al. , Fluorescent Quenching Immune Chromatographic Strips with Quantum Dots and Upconversion Nanoparticles as Fluorescent Donors for Visual Detection of Sulfaquinoxaline in Foods of Animal Origin. Analytica Chimica Acta, 2017, 982：185-92. DOI：10.1016/j.aca.2017.06.013.

宽、荧光发射光谱窄、量子产率高和光化学稳定性强等优越的荧光特性。Hou 等[①]采用高质量的 CdSe/ZnS 量子点纳米珠（quantum dots nanobeads，QDNBs）和多重定量免疫层析试纸条构建试纸条生物传感器，该传感器可用于玉米和小麦中 3 种霉菌毒素（玉米赤霉烯酮、伏马菌素 $B_1$、脱氧雪腐镰刀菌烯醇）的同时检测。该方法得出的结果与液相色谱–质谱法测定的结果吻合度较高，表明该免疫层析试纸方法可以被用作多种真菌毒素的同时筛选。上转换纳米粒子（UCNPs）受到光激发时能够通过多光子机制发射比激发波长短的荧光，其基本组成包括基质材料、激活剂和敏化剂。相较于将传统的有机染料作为生物标记材料，上转换纳米粒子具有如下诸多优点：光化学性质稳定性高；长波长激发短波长发射，背景干扰小，特别适合复杂生物样本中的荧光标记。[②] 黄震等[③]采用化学合成的方法制备了具有优异荧光特性的上转换纳米粒子，构建了用于牛奶中大肠杆菌 O157：H7 快速检测的免疫层析方法，方法检出限能够达到 $2.8 \times 10^4$ CFU/mL。该方法表现

① S. Hou, J. Ma, Y. Cheng, et al. , Quantum Dot Nanobead – based Fluorescent Immunochromatographic Assay for Simultaneous Quantitative Detection of Fumonisin B1, Dexyonivalenol, and Zearalenone in Grains. *Food Control*, 2020, 117：107331. DOI：10. 1016/j. foodcont. 2020. 107331.

② F. Auzel, Upconversion and Anti – stokes Processes with F and D Ions in Solids. *Chemical Reviews*, 2004, 104 （1）：139 – 74. DOI：10. 1021/cr020357g； H. Schäfer, P. Ptacek, K. Kömpe, et al. , Lanthanide–doped NaYF4 Nanocrystals in Aqueous Solution Displaying Strong Up–conversion Emission. *Chemistry of Materials*, 2007, 19 （6）：1396–400. DOI：10. 1021/cm062385b； L. Cheng, K. Yang, Y. Li, et al. , Facile Preparation of Multifunctional Upconversion Nanoprobes for Multimodal Imaging and Dual-targeted Photothermal Therapy. *Angewandte Chemie International Edition*, 2011, 50 （32）：7385–90. DOI：10. 1002/anie. 201101447； H. Dong, L. Sun, C. Yan, Basic Understanding of the Lanthanide Related Upconversion Emissions. Nanoscale, 2013, 5 （13）：5703 – 14. DOI：10. 1039/C3NR34069D.

③ 黄震、肖小月、熊智娟等：《上转换免疫层析方法检测牛奶中大肠杆菌 O157：H7》，《南昌大学学报》（理科版）2019 年第 6 期。

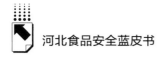
出抗基质干扰能力强、灵敏度高等特点，可用于大肠杆菌 O157：H7
的快速检测。

（3）磁性纳米粒子纸基传感技术

磁性纳米粒子具有比表面积大、生物相容性好、超顺磁性高等特
性，能够在磁场作用下实现快速定位富集和分离。[1] Huang 等[2]利用
纳米磁珠富集和分离 $AFM_1$，建立了快速检测 $AFM_1$ 的免疫层析方法，
该方法针对牛奶中 $AFM_1$ 的检出限为 0.1ng/mL，且检测结果与酶联免
疫吸附法检测结果表现出很好的一致性，说明该方法非常适合牛奶中
$AFM_1$ 的快速检测。

### 3. 基于新型信号识别模式的免疫分析技术

随着社会经济的发展和人们对食品安全的重视，智能化、可视化
的检测手段在食品安全、品质检测中的需求越来越大。智能手机具有
高效的操作系统、强大的数据处理能力，内置多核处理器可以实现生
化指标的即时检测，强大的成像功能和开源应用程序开发环境优势使
智能手机成为新一代智能检测工具。[3] 此外，智能手机非常适合被用

① 谢艳君、杨英、孔维军等：《基于不同纳米材料的侧流免疫层析技术在真菌毒
　素检测中的应用》，《分析化学》2015 年第 4 期。

② Y. Huang, D. Liu, W. Lai, et al. , Rapid Detection of Aflatoxin M1 by
　Immunochromatography Combined with Enrichment Based on Immunomagnetic
　Nanobead. *Chinese Journal of Analytical Chemistry*, 2014, 42 (5): 654-9. DOI：
　10. 1016/S1872-2040 (13) 60731-8.

③ Y. Tian, H. Che, J. Wang, et al. , Smartphone as a Simple Device for Visual and
　on-site Detection of Fluoride in Groundwater. *Journal of Hazardous Materials*,
　2021, 411: 125182. DOI: 10. 1016/j. jhazmat. 2021. 125182; W. Chen, Y.
　Yao, T. Chen, et al. , Application of Smartphone-based Spectroscopy to Biosample
　Analysis: A Review. *Biosensors and Bioelectronics*, 2021, 172: 112788. DOI:
　10. 1016/j. bios. 2020. 112788；王春鑫、邓荣、牛晓峰等：《基于智能手机比
　色分析系统的细菌快速定量检测》，《分析化学》2023 年第 7 期；唐博、陈
　佳敏、韩永辉等：《基于智能手机现场快速检测技术研究进展》，《分析试验
　室》2023 年。

作探测器系统，因为其具有强大的内部计算机、光学传感器、全球定位系统（GPS），可以连接互联网即时将结果上传到云数据库并在全球范围内传播。[1] 特别是智能手机的成像技术可以对捕捉到的彩色图像进行快速分析，从而实现比色检测。因此智能手机与检测技术的结合应用在食品安全领域有着广阔的前景。[2] Liu 等[3]建立了一种基于智能手机的定量双模式检测方法，该方法将金纳米颗粒（GNPs）和时间分辨荧光微球（TRFMs）作为标记物构建横向流免疫分析法（LFIA）实现对谷物中的多种真菌毒素检测。Gong 等[4]开发了一个基于上转换纳米粒子的小型化、便携式免疫层析检测（LFA）平台，该平台由免疫层析检测系统、UCNP-LFA 读数和智能手机辅助的 UCNP-LFA 分析仪组成。LFA 检测系统由三种发射波长 UCNPs 构成，可以进行多路检测。UCNP-LFA 读数范围为 24.0cm×9.4cm×5.4cm（L×W×H），重量为 0.9kg。该分析仪可以实时得到定量分析结果。

---

[1] D. Zhang, Q. Liu, Biosensors and Bioelectronics on Smartphone for Portable Biochemical Detection. *Biosensors and Bioelectronics*, 2016, 75: 273 - 84. DOI: 10.1016/j. bios. 2015. 08. 037.; N. Ravikumar, N. Metcalfe, J. Ravikumar, et al., Smartphone Applications for Providing Ubiquitous Healthcare over Cloud with the Advent of Embeddable Implants. *Wireless Personal Communications*, 2016, 86: 1439-46. DOI: 10.1007/s11277-015-2999-5.

[2] S. Dutta, Point of Care Sensing and Biosensing Using Ambient Light Sensor of Smartphone: Critical Review. *TrAC Trends in Analytical Chemistry*, 2019, 110: 393- 400. DOI: 10.1016/j. trac. 2018. 11. 014.

[3] Z. Liu, Q. Hua, J. Wang, et al., A Smartphone-based Dual Detection Mode Device Integrated With Two Lateral Flow Immunoassays for Multiplex Mycotoxins in Cereals. *Biosensors and Bioelectronics*, 2020, 158: 112178. DOI: 10.1016/j. bios. 2020. 112178.

[4] Y. Gong, Y. Zheng, B. Jin, et al., A Portable and Universal Upconversion Nanoparticle-based Lateral Flow Assay Platform for point-of-care Testing. *Talanta*, 2019, 201: 126-33. DOI: 10.1016/j. talanta. 2019. 03. 105.

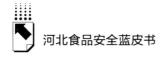
## （三）基于适配体的新型检测技术

适配体（Aptamer）是利用体外筛选指数富集配体系统进化技术（SELEX）从核酸分子文库中筛选得到的一段可以与目标物以高亲和力特异性结合的长度为 10 ~ 50 个核苷酸的单链 DNA（ssDNA）或 RNA。[1] 基于单链核酸适配体空间构象的多样性，人们发现当靶标分子出现时，Aptamer 会通过氢键、碱基配对、形状匹配等方式与药物、细胞或金属离子等靶标分子进行特异性结合。[2] 与抗体相比，其具有以下特点和优势：拥有与抗原-抗体反应相匹敌的结合特异性；易于化学修饰；在体外大量、快速合成，制作相对简便；高温下稳定性好。Ji 等[3]应用纳米金属有机聚合适配体传感器对玉米赤霉烯酮（ZEN）进行超灵敏检测，发现该传感器对 ZEN 具有较高的检测灵敏度（0.45 fg/ml），且该传感器对 ZEN 表现出优异的选择性，在一定程度上降低了干扰物质对测定结果的干扰。同抗体相比，适配体表现

---

① 黄丽珊、胡奕津、范申等：《基于核酸适配体的比色生物传感器研究进展》，《分析试验室》2023 年；高加乐、刘诺亚、宋玉竹等：《基于双核酸适配体的夹心试纸条法在多菌灵检测中的应用研究》，《分析科学学报》2023 年第 1 期；张雨婷、陈灏翰、李惠等：《基于杂交指示剂的无标记适配体电化学传感器用于铅离子检测》，《分析测试学报》2022 年第 11 期。

② M. Plach, T. Schubert. , Biophysical Characterization of Aptamer-target Interactions. *Aptamers in Biotechnology*, 2020: 1-15. DOI: 10. 1007/10-2019-103; C. Wilson, J. Nix, J. Szostak. , Functional Requirements for Specific Ligand Recognition by a Biotin-binding RNA Pseudoknot. *Biochemistry*, 1998, 37 (41): 14410-9. DOI: 10. 1021/bi981371j; R. MACAYA, P. SCHULTZE, F. SMITH, et al. , Thrombin-binding DNA Aptamer Forms a Unimolecular Quadruplex Structure in solution. *Proceedings of the National Academy of Sciences*, 1993, 90 (8): 3745-9. DOI: 10. 1073/pnas. 90. 8. 3745.

③ X. Ji, C. Yu, Y. Wen, et al. , Fabrication of Pioneering 3D Sakura-shaped Metal-organic Coordination Polymers Cu@ L-Glu Phenomenal for Signal Amplification in Highly Sensitive Detection of Zearalenone. *Biosensors and Bioelectronics*, 2019, 129: 139-46. DOI: 10. 1016/j. bios. 2019. 01. 012.

出易修饰、稳定性强、成本低、可以大量体外合成等优点。张金艳等[1]将适配体与纳米酶技术相结合，利用 AuPtRh 三金属纳米酶优异的催化性能和适配体良好的识别特性，构建了可用于河豚毒素快速高灵敏检测的比色传感器。在最佳条件下，该方法针对河豚毒素的检出限为 3 ng/L，线性范围为 5 ng/L～500 ng/L（$r^2 = 0.9901$），针对蛤蜊样品中河豚毒素的回收率范围为 85.61%～122.66%，回收率良好。

## （四）新模式分子印迹技术

分子印迹聚合物（$MIP_s$）是含有特定模板分子识别位点的交联聚合物。功能单体通过共价或非共价化学与模板分子的相互作用，形成包含模板分子的交联聚合物，然后从聚合物中除去模板分子，留下"记忆位点"。在聚合物中形成的这些记忆位点在空间和化学上都与模板分子互补，因此，能够实现对目标分子的特定识别、富集和分离。[2] $MIP_s$ 通过"锁和钥匙"的过程发挥作用，具有以下优点：易于合成，良好的可重复使用性，丰富的合成结合位点，以及在恶劣的化学、物理条件下的高稳定性。

---

[1] 张金艳、姜雯鹏、谭欣等：《基于 AuPtRh 纳米酶的比色适体传感器快速检测河豚毒素》，《食品安全质量检测学报》2022 年第 22 期。

[2] N. Tarannum, S. Khatoon, B. Dzantiev., Perspective and Application of Molecular Imprinting Approach for Antibiotic Detection in Food and Environmental Samples: A Critical Review. Food Control, 2020, 118: 107381. DOI: 10.1016/j.foodcont. 2020.107381; M. Malik, H. Shaikh, G. Mustafa, et al., Recent Applications of Molecularly Imprinted Polymers in Analytical Chemistry. Separation & Purification Reviews, 2019, 48 (3): 179-219. DOI: 10.1080/15422119.2018.1457541; R. Jalili, A. Khataee, M. Rashidi, et al., Detection of Penicillin G Residues in Milk Based on Dual-emission Carbon Dots and Molecularly Imprinted Polymers. Food Chemistry, 2020, 314: 126172. DOI: 10.1016/j.foodchem. 2020.126172.

### 1. 基于功能新纳米粒子的分子印迹技术

（1）贵金属纳米粒子分子印迹技术

金、银等贵金属纳米粒子结合了纳米材料和金属的特性，具有良好的电学和光学特性，将其与 MIPs 技术相结合用于真菌毒素的检测具有很好的研究意义。[1] Jiang 等[2]以氨基噻吩功能化的 AuNPs 为模板分子，电聚合制备了一种用于检测杏仁、巴西坚果、榛子、开心果、无花果干中 $AFB_1$ 的电化学分子印迹传感器。该传感器的线性范围为 $3.2 \times 10^{-15}$ mol/L ~ $3.2 \times 10^{-6}$ mol/L，定量限为 $3 \times 10^{-15}$ mol/L，表现出灵敏度高、重复性好的特点，有望成为食品中 $AFB_1$ 选择性电化学检测的有效方法。

（2）荧光纳米粒子分子印迹技术

荧光纳米粒子分子印迹聚合物是指在聚合物中导入荧光信号，使待测物能够被特定的荧光检测机制所识别，具有灵敏度高、反应迅速等优点。目前常见的具有可操作性的荧光纳米粒子主要有量子点、碳量子点、上转换纳米材料等。Zhang 等[3]采用表面分子印迹溶胶-凝胶法构建了基于 Mn 掺杂 ZnS 量子点的荧光纳米分子印迹聚合物

[1]　M. Chiang, H. Wang, T. Han, et al., Assembly and Detachment of Hyaluronic Acid on a Protein-conjugated Gold Nanoparticle. Langmuir, 2020, 36（48）：14782-14792. DOI：10. 1021/acs. langmuir. 0c02738；N. Adányi, ÁG. Nagy, B. Takács, et al., Sensitivity Enhancement for Mycotoxin Determination by Optical Waveguide Lightmode Spectroscopy Using Gold Nanoparticles of Different Size and Origin. Food Chemistry, 2018, 267：10-14. DOI：10. 1016/j. foodchem. 2018. 04. 089.

[2]　M. Jiang, M. Braiek, A. Florea, et al., Aflatoxin B1 Detection Using a Highly-sensitive Molecularly-imprinted Electrochemical Sensor Based on an Electropolymerized metal Organic Framework. *Toxins*, 2015, 7（9）：3540 – 3553. DOI：10. 3390/toxins7093540.

[3]　W. Zhang, Y. Han, X. Chen, et al., Surface Molecularly Imprinted Polymer Capped Mn-doped Zn S Quantum Dots as a Phosphorescent Nanosensor for Detecting Patulin in Apple Juice. *Food Chemistry*, 2017, 232：145 – 154. DOI：10. 1016/j. foodchem. 2017. 03. 156.

（MIPs-QDs），用于苹果汁中展青霉素（PAT）的选择性测定。相较于非印迹聚合物，MIPs-QDs 在竞争性真菌毒素及其类似物中，对 PAT 有特异性识别能力，具有选择性高、吸附容量大和传质速率快的优点。MIPs-QDs 对 PAT 的识别线性范围为 $0.43\mu mol/L \sim 6.50\mu mol/L$，方法检出限为 $0.32\mu mol/L$，相关系数（$r^2$）为 0.9945。Liang 等[1]制备了碳量子点修饰的模拟分子印迹聚合物（CDs-DMIP）来作为整体柱进行样品预处理，利用带有荧光检测器的高效液相色谱（HPLC-FLD），实现了花生样品中黄曲霉毒素 $B_1$（$AFB_1$）的快速检测。在最佳条件下，该方法针对黄曲霉毒素 $B_1$ 的富集倍数可达71，该试验对花生样品的检出限为 $0.118ng/mL$，定量限为 $0.393ng/mL$。实验结果表明，CDs-DMIP-HPLC-FLD 法可灵敏地测定花生样品及其他样品中 $AFB_1$ 的含量。Yan 等[2]合成了一种基于 UCNPs 的新型 MIPs，最终的复合物结合了 MIPs 高选择性和 UCNPs 高荧光强度的优点，对 OTA 具有选择性和敏感性。结果表明，在最优条件下，当 OTA 浓度为 $0.05mg/L \sim 1.0mg/L$ 时，荧光印迹聚合物的荧光猝灭程度与 OTA 的浓度之间呈现良好的线性关系。该方法针对 OTA 的灵敏度较高（$0.031mg/L$），对玉米、大米和饲料中 OTA 的回收率分别为 $88.0\% \sim 91.6\%$、$80.2\% \sim 91.6\%$ 和 $89.2\% \sim 90.4\%$。

---

① G. Liang, H. Zhai, L. Huang, et al. , Synthesis of Carbon Quantum Dots-doped dummy Molecularly Imprinted Polymer Monolithic Column for Selective Enrichment and Analysis of Aflatoxin B1 in Peanut. *Journal of Pharmaceutical and Biomedical Analysis*, 2018, 149: 258-264. DOI: 10.1016/j.jpba.2017.11.012.

② Z. Yan, G. Fang, Molecularly Imprinted Polymer Based on Upconversion Nanoparticles for Highly Selective and Sensitive Determination of Ochratoxin A. *Journal of Central South University*, 2019, 26 (3): 515-523. DOI: 10.1007/s11771-019-4023-9.

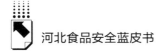
（3）磁性分子印迹技术

近年来，将磁性分子印迹聚合物（MMIPs）应用于食品安全检测领域引起了越来越多的关注。与普通 MIPs 相比，MMIPs 具有较高的吸附容量和优异的磁分离性能，在目标组分的分离或检测中具有显著的优势。[①] Fu 等[②]采用表面印迹技术制备了具有优良性能的MMIPs，将其与带有荧光检测器的 HPLC-FLD 结合，实现了谷物中ZEN 的快速测定。在实际样品检测中，检出限能够达到 0.4ng/kg，定量限能够达到 0.9ng/kg，样品回收率为 90.56%~99.96%。结果表明，MMIPs 对 ZEN 有很好的选择性，适用于谷物中 ZEN 的测定。Hu 等[③]在磁纳米粒子表面沉积了一种聚多巴胺的分子印迹聚合物（$Fe_3O_4$@PDAMIPs），这是一种高效特异的吸附剂，可用于各种赭曲霉毒素的提取。采用 HPLC 方法在最佳条件下，赭曲霉毒素 A、赭曲霉毒素 B 和赭曲霉毒素 C 的校正曲线分别在 0.01ng/mL~1.0ng/mL、0.02ng/mL~2.0ng/mL 和 0.002ng/mL~0.2ng/mL 范围内呈线性关系。该方法对大米和葡萄酒样品的检出限为 1.8pg/mL~18pg/

① Z. Xie, L. Zhang, Y. Chen, et al., Magnetic Molecularly Imprinted Polymer Combined with High-performance Liquid Chromatography for the Selective Separation and Determination of Glutathione in Various Wild Edible Boletes. *Food Analytical Methods*, 2019, 12 (12): 2908-2919. DOI: 10.1007/s12161-019-01646-w; Z. Li, C. Lei, N. Wang, et al., Preparation of Magnetic Molecularly Imprinted Polymers with Double Functional Monomers for the Extraction and Detection of Chloramphenicol in Food. *Journal of Chromatography* B, 2018, 1100-1101: 113-121. DOI: 10.1016/j.jchromb.2018.09.032.

② H. Fu, W. Xu, H. Wang, et al., Preparation of Magnetic Molecularly Imprinted Polymers for the Identification of Zearalenone in Grains. *Analytical and Bioanalytical Chemistry*, 2020, 412 (19): 4725-4737. DOI: 10.1007/s00216-020-02729-y.

③ M. Hu, P. Huang, L. Suo, et al., Polydopamine-based Molecularly Imprinting Polymers on Magnetic Nanoparticles for Recognition and Enrichment of Ochratoxins Prior to Their Determination by HPLC. *Microchimica Acta*, 2018, 185 (6): 1-6. DOI: 10.1007/s00604-018-2826-2.

mL，加标回收率为 71.0% ~ 88.5%。此外，所制备的 $Fe_3O_4$ @ PDAMIPs 具有可多次重复使用的优点，所建立的方法具有成本低的特点。

# 二 食品中内源性化学污染物新型检测方法研究进展

内源性化学污染物是食品产品中另外一种常见的内源性污染物，主要是指食品中本身存在或食品生产加工过程中天然生成的化学有害物质，既包括食品原料在生长过程中产生的苯甲酸、甲醛、二氧化硫、硼砂以及磷酸盐等，也包括食品热加工过程中由于美拉德反应而产生的有害化合物，如杂环芳香胺（HAA）、丙烯酰胺（AA）、5-氢甲基糠醛（5-HMF）和晚期糖基化终产物（AGEs）等。[1] 丙烯酰胺是常见的美拉德反应副产物之一。目前，学者认为丙烯酰胺的产生途径主要有两种，即天冬酰胺途径和非天冬酰胺途径。食品化学家Hodge 认为美拉德反应过程可以分为初期、中期和末期，而 AA 主要在初期产生。[2] 美拉德反应初期，在羰氨缩合和分子重排两种作用下，AA 由前体化合物天冬酰胺和还原糖产生。此外，研究表明 AA

---

[1] A. Omur, B. Yildirim, Y. Saglam, et al. , Activity of Resveratrol on the Influence of Aflatoxin b1on the Testes of Sprague Dawley Rats. *PolJ Veter Sci*, 2019, 22 (2): 300-320. DOI: 10. 24425/pjvs. 2019.129222; J. Gao, L. Qin, S. Wen, et al. , Simultaneous Determination of Acrylamide, 5 - hydroxymethylfurfural, and Heterocyclic Aromatic Amines in Thermally Processed Foods by Ultrahigh - performance Liquid Chromatography Coupled with a Q Exactive HF - X Mass Spectrometer. *Journal of Agricultural and Food Chemistry*, 2021, 69 (7): 2325 - 2336. DOI: 10. 1021/acs. jafc. 0c06743.

[2] 肖怀秋、李玉珍、林亲录：《美拉德反应及其在食品风味中的应用研究》，《中国食品添加剂》2005 年第 2 期。

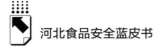

也可以由非天冬酰胺物质转化而来。Yasuhara 等[1]通过研究高油脂食物的加工过程，发现三油酸甘油酯在高温处理时，可发生热解产生丙烯醛，丙烯醛可被进一步氧化为丙烯酸，丙烯酸或丙烯醛又可与氨反应生成大量 AA。除此之外，甘油三酯脱水、β-丙氨酰-L-组氨酸（肌肽）脱水脱氨也会形成丙烯酸，从而生成 AA。AA 极易被人体吸收，可通过皮肤、黏膜、呼吸道、胃肠道等多种途径进入体内，使人体表现出神经毒性、生殖发育毒性、免疫毒性和遗传毒性等。食源性晚期糖基化末端产物主要产生于食品热加工过程中美拉德反应的中期和末期，是蛋白质和氨基酸等物质的游离氨基与还原糖的羰基经过非酶性糖基化反应后形成的一类稳定且具有高度活性的终末产物。AGEs 是热加工食品中普遍存在的含量较高的内源性污染物，可以作为食品热损伤的重要标志物。[2] 大量研究表明，通过膳食摄入并在体内积累的 AGEs 会导致人体氧化应激反应和神经细胞损伤，且与多种疾病的发生密切关联，如糖尿病、动脉粥样硬化、肾衰老、阿尔茨海默病和心血管疾病等。[3]

[1] A. Yasuhara, Y. Tanaka, M. Hengel, et al., Gas Chromatographic Investigation of Acrylamide Formation in Browning Model System. *Journal of Agriculture and Food Chemistry*, 2003, 51 (14): 3999-4003. DOI: 10.1021/jf0300947.

[2] J. Lin, C. Wu, G. Yen, Perspective of Advanced Glycation End Products on Human Health. *Journal of Agricultural and Food Chemistry*, 2018, 66 (9): 2065-2070. DOI: 10.1021/acs.jafc.7b05943; Y. Zhu, H. Snooks, S. Sang, Complexity of Advanced Glycation End Products in Foods: Where Are We Now?. *Journal of Agricultural and Food Chemistry*, 2018, 66 (6): 1325-1329. DOI: 10.1021/acs.jafc.7b05955; Z. Zhu, M. Huang, Y. Cheng, et al., A Comprehensive Review of Nε-carboxymethyllysine and Nε-carboxyethyllysine in Thermal Processed Meat Products. *Trends in Food Science and Technology*, 2020, 98: 30-40. DOI: 10.1016/j.tifs.2020.01.021.

[3] K. Nowotny, D. Schröter, M. Schreiner, et al., Dietary Advanced Glycation end Products and Their Relevance for Human Health. *Ageing Research Reviews*, 2018, 47: 55-66. DOI: 10.1016/j.arr.2018.06.005.

## （一）仪器分析技术

### 1. 基于纳米材料的色谱分析技术

Feng 等[1]通过巯基-烯点击策略合成了新型半胱氨酸（Cys）官能化的磁性共价有机骨架（FeO@COF@Cys），并将其作为磁性固相萃取（MSPE）的吸附剂，建立了一种灵敏可靠的 HPLC-MS/MS 方法，实现了热加工食品中 AA 和 HAA 的高灵敏检测。由于疏水性 COFs 和亲水性 Cys 的改性，该方法能够实现 AA 和 HAAs 同时富集，最终检出限能够达到 $0.012\mu g/kg \sim 0.210\mu g/kg$，回收率为 $90.4\% \sim 102.8\%$。与传统方法相比，该方法表现出回收率高、选择性好和基质干扰低等特点。

### 2. 表面增强拉曼光谱技术

表面增强拉曼光谱技术（SERS）是一种振动光谱技术，其利用电磁辐射及物质之间的散射实现对目标物结构信息的分析，依靠具有粗糙表面的金属基底对待测分子的拉曼信号进行增强，具有快速、简单、无损、无须样品预处理的特点。[2] 电磁增强和化学增强是解释拉曼信号增强的两种机制。前者是由激发能量到达金属表面时的等离子体共振引起的，后者源于吸附在金属表面分子的电子结构变化。

---

[1] Y. Feng, Y. Shi, R. Huang, et al. , Simultaneous Detection of Heterocyclic Aromatic Amines and Acrylamide in Thermally Processed Foods by Magnetic Solid-phase Extraction Combined with HPLC-MS/MS Based on Cysteine-functionalized Covalent Organic frameworks. *Food Chemistry*, 2023：136349. DOI：10.1016/ j. foodchem. 2023. 136349.

[2] L. Maia, V. E, D. Oliveira, et al. , The Diversity of Linear Conjugated Polyenes and Colours In nature：Raman spectroscopy as a diagnostic tool. *Chem Phys Chem*, 2021, 22 (3)：231-249. DOI：10.1002/cphc. 202000818；王子雄、徐大鹏、张一帆等：《表面增强拉曼散射检测分析物分子的研究进展》，《光谱学与光谱分析》2022 年第 2 期；颜朦朦、李慧冬、张文君等：《基于表面增强拉曼光谱标记技术的生物传感器用于农药残留检测的研究进展》，《食品科学》2022 年第 17 期；宋洪艳、赵航、严霞等：《基于表面增强拉曼光谱技术的海洋污染物多氯联苯吸附特性分析》，《光谱学与光谱分析》2022 年第 3 期。

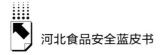
程劼等[1]建立了一种新型的基于纳米银阵列负载纳米金粒子（AgNR@AuNPs）的 SERS，实现了煎炸食品中 AA 的快速分析检测。该方法将AgNR@ AuNPs 作为增强基底，大大提高了 SERS 分析方法的灵敏度，检出限能够达到 1μg/kg，线性范围为 5μg/kg～100μg/kg，相关系数为 0.985。实际样品添加回收实验表明，该方法的回收率在 77.1%～93.6%，可用于实际样品中 AA 的快速分析检测。Zhang 等[2]通过经典溶剂热还原法合成的胶体金纳米颗粒（AuNPs）底物构建了新型SERS，实现了加工奶酪中 5-羟甲基糠醛（5-HMF）的快速分析检测，并可通过密度泛函理论（DFT）计算确定 5-HMF 的振动分配和AuNPs 衬底的表面增强效果。结果表明，在 5μM（S/N=0）的检出限下，浓度范围为 1.75～75mM 的 3-HMF 在 AuNPs 底物上具有良好的线性响应。此外，该方法在奶酪真实样品 5-HMF 测定中也有良好表现，可见该方法在食品安全和分析中具有广阔的应用前景。

## （二）新模式免疫分析技术

Luo 等[3]合成了两种抗黄蒽丙烯酰胺（XAA）的半抗原，获得了特异性好、亲和力高的抗 XAA（抗 XAA pAb）多克隆抗体，并凭借该抗体开发了一种基于 CDs 的荧光免疫测定法。该荧光免疫测定对

① 程劼、韩彩芹、谢建春等：《SERS 的煎炸食品中丙烯酰胺速测方法研究》，《光谱学与光谱分析》2020 年第 4 期。

② Z. Juanhua, Y. Li, M. Lv, et al., Determination of 5-Hydroxymethylfurfural（5-HMF）in Milk Products by Surface-enhanced Raman Spectroscopy and Its Simulation analysis. *Spectrochimica Acta Part A: Molecular and Biomolecular Spectroscopy*, 2022, 279: 121393. DOI: 10.1016/j. saa. 2022. 121393.

③ L. Luo, B. Jia, X. Wei, et al., Development of an Inner Filter Effect-based Fluorescence Immunoassay for the Detection of Acrylamide Using 9-xanthydrol Derivatization. *Sensors and Actuators B: Chemical*, 2021, 332: 129561. DOI: 10.1016/j. snb. 2021. 129561.

AA 表现出灵敏和特异性反应，检出限为 0.16μg/L，HPLC-MS/MS 的回收率测试和方法验证证明了其良好的准确性和可靠性，表明该荧光免疫测定法可以成为检测食品中 AA 污染的潜在有效工具。

## （三）基于功能性纳米粒子的分子印迹技术

Zhao 等[1]构建了一种基于 ZnO/聚吡咯（PPy）纳米复合材料的新型分子印迹技术。该方法在真实样品（包括薯片和饼干）AA 检测方面表现出优异的性能。Liu 等[2]以 CML 为模板分子，通过反相微乳液法制备了基于量子点的新型 MIP，进一步构建了可用于烘焙产品、乳制品中 CML 含量测定的荧光传感器。该方法可用于食品中 AGEs 的快速测定，具有前处理步骤简单、成本较低、灵敏度高、特异性好和易于制备等特点。

## （四）荧光生物传感检测技术

Liu 等[3]提出了一种基于羧基荧光素标记的双链 DNA（FAM-dsDNA）和阳离子共轭聚合物（PFP）的简单荧光传感器检测 AA。

① D. Zhao, Y. Zhang, S. Ji, et al., Molecularly Imprinted Photoelectrochemical Sensing Based on ZnO/polypyrrole Nanocomposites for Acrylamide Detection. *Biosensors and Bioelectronics*, 2021, 173: 112816. DOI: 10.1016/j. bios. 2020. 112816.

② H. Liu, D. Wu, K. Zhou, et al., Development and Applications of Molecularly Imprinted Polymers Based on Hydrophobic CdSe/ZnS Quantum Dots for Optosensing of N ε-carboxymethyllysine in Foods. *Food Chemistry*, 2016, 211: 34-40. DOI: 10.1016/j. foodchem. 2016. 05. 038; H. Liu, X. Chen, L. Mu, et al., Application of Quantum Dot-molecularly Imprinted Polymer Core-shell Particles Sensitized with Graphene for Optosensing of N ε-carboxymethyllysine in Dairy Products. *Journal of Agricultural and Food Chemistry*, 2016, 64 (23): 4801. DOI: 10.1021/acs. jafc. 6b01504.

③ Y. Liu, S. Meng, J. Qin, et al., A fluorescence Biosensor Based on Double-Stranded DNA and a Cationic Conjugated Polymer Coupled with Exonuclease Ⅲ for Acrylamide Detection. *International Journal of Biological Macromolecules*, 2022, 219: 346-352. DOI: 10.1016/j. ijbiomac. 2022. 07. 251.

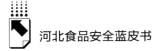
DNA 和 PFP 的静电相互作用诱导 FAM 和 PFP 之间的高效 FRE，从而保证了生物传感器的特异性，该方法的检出限为 0.16μM。根据该生物传感器，在水提取物样品中观察到检出限为 1.3μM，回收率良好（95%~110%）。该方法与其他分析方法灵敏度相当，具有在实际样品中简单灵敏地检测出 AA 的潜力。

### （五）纸基传感检测技术

Liu 等[①]提出了一种基于 Janovsky 反应理论的简单方法，使用由微流控纸基分析装置 μPAD 和便携式检测系统组成的集成微流控平台和由微处理器、检测盒和智能手机组成的便携式检测系统进行苯甲酸浓度检测。该方法与 HPLC-MS/MS 方法获得的结果一致，为苯甲酸的检测提供了一种紧凑可靠的工具。Du 等[②]设计合成了一种基于萘酰亚胺的新型荧光探针 NFD，用于检测食品中甲醛。该探针在 554nm 处对甲醛具有显著的荧光响应。将探针加载到滤纸上制备的固体传感器可实现对液体和气态甲醛的视觉检测。更重要的是，该探针在检测真实食品样品和动物血清样品中的甲醛方面具有优异的稳定性，回收率较高（82.1%~111.5%）。

# 三 食品中过敏原新型检测方法研究进展

食物过敏是指人体摄入或接触含有食物过敏原的食品导致的变态

① C. Liu, Y. Wang, L. Fu, et al. , Microfluidic Paper‐based Chip Platform for Benzoic Acid Detection in Food. *Food Chemistry*, 2018, 249: 162 - 167. DOI: 10. 1016/j. foodchem. 2018. 01. 004.

② H. Du, H. Zhang, Y. Fan, et al. , A Novel Fluorescent Probe for the Detection of Formaldehyde in Real Food Samples, Animal Serum Samples and Gaseous Formaldehyde. *Food Chemistry*, 2023, 411: 135483. DOI: 10. 1016/j. foodchem. 2023. 135483.

免疫反应①，通常会引发皮肤组织、消化系统、呼吸系统等组织器官的过敏反应症状，严重的可导致过敏患者休克甚至死亡。② 根据国内外食物过敏调查，近年来我国食物过敏呈现日益多发的趋势③，严重危害食物过敏患者的身体健康。然而，医学上至今还没有发现根治食物过敏的方法，目前最有效避免食物过敏的方法仍是不食用、不接触含有过敏原的食品。食物过敏原是诱发食物过敏反应的物质基础，因此食物过敏原的检测就成为预防和治疗食物过敏的关键。

当前，针对过敏原的检测技术主要包括酶联免疫吸附试验技术（ELISA）、液相色谱法和质谱法、生物学的聚合酶链式反应（PCR）。虽然这些方法灵敏度与准确度较高，但是每一种常用过敏原检测方法都有一定的不足：ELISA 需要多种抗体检测试剂盒，易产生假阴性检测结果，不适于检测转基因食品过敏原；液相色谱法和质谱法只适合检测目前已知的食物过敏原，且定量检测时需要过敏原标准品作为参照，检测未知过敏原和新型过敏原准确

---

① S. Anvari, J. Miller, C. Yeh, et al. , IgE-mediated Food Allergy. *Clinical Reviews in Allergy & Immunology*, 2019, 57：244-260. DOI：10. 1007/s12016-018-8710-3.

② D. Silva, P. Río, W. Nicolette, et al. , Allergen immunotherapy and/or biologicals for IgE-mediated Food Allergy：A Systematic Review and Meta-analysis. *Allergy*, 2022, 76（6）：1825 – 1862. DOI：10. 1111/all. 15211; S. Tian, J. Ma, I. Ahmed, et al. , Effect of Tyrosinase-catalyzed Crosslinking on the Structure and Allergenicity of Turbot Parvalbumin Mediated by Caffeic Acid. *J Sci Food Agric*, 2019, 99（7）：3501-3508. DOI：10. 1002/jsfa. 9569.

③ H. Feng, J. Zhou, Y. Lu, et al. , Self-reported Food Allergy Prevalence Among Elementary School Children-Nanchang City, *Jiangxi Province*, *China*, 2021. China CDC Weekly, 2022, 4（34）：761-765. DOI：10. 1016/j. waojou. 2023. 100773; S. Sicherer, H. Sampson, Food Allergy：A Review and Update on Epidemiology, Pathogenesis, Diagnosis, Prevention, and Management. *J Allergy Clin Immun*, 2018, 141（1）：41 – 58. DOI：10. 1016/j. jaci. 2017. 11. 003; D. Krisnawati, M. Alimansur, D. Atmojo, et al. , Food Allergies：Immunosensors and Management. *Applied Sciences*, 2022, 12（5）：2393. DOI：10. 3390/app12052393.

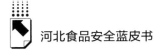
度不高，需要结合免疫检测技术进行精准检测；PCR 法检测过程较为烦琐，且容易造成污染以及假阳性检测结果。近年来，一些新型食品过敏原检测技术也正在研发，如基于新型纳米材料的免疫分析技术、环介导等温扩增检测（LAMP）、生物传感检测技术和基于智能手机的快速检测技术，以准确地检测出食品中隐藏的食物过敏原，消减食品中混入其他含有过敏原的食品组分，降低诱发人们发生食物过敏情况的风险。

### （一）新模式免疫分析技术

党雪文等[①]通过化学合成的方法制备了基于铕（Eu）纳米微粒的荧光微球，构建了一种基于双抗体夹心模式的时间分辨免疫层析检测方法，实现了扇贝中原肌球蛋白（tropomyosin，TM）的快速检测，可视化检出限为 0.05μg/mL，仪器检出限为 0.01μg/mL。该方法具有简单快速、灵敏度高和非特异性干扰低等优点，可实现多种食物基质中 TM 的快速检测。Linghu 等[②]研究开发了一种基于量子点和磁分离的新型荧光方法，通过荧光分光光度计和智能手机相结合实现了食品样品中过敏原的检测。该方法使用红色荧光量子点制备信号探针，使用磁性微球制备捕获探针，以便从测试样品中快速分离免疫复合物。荧光分光检测的分析范围为 80μg/L ~ 640μg/L，检出限为12.75μg/L。使用配备彩色阅读器应用程序的智能手机的分析范围为80μg/L~640μg/L，检出限为10.15μg/L。

---

① 党雪文、张自业、赵金龙等：《扇贝过敏原荧光免疫层析检测方法的构建与应用》，《食品安全质量检测学报》2023 年第 2 期。

② X. Linghu, J. Qiu, S. Wang, et al. , Fluorescence Immunoassay Based on Magnetic Separation and ZnCdSe/ZnS Quantum Dots as a Signal Marker for Intelligent Detection of Sesame Allergen in Foods. *Talanta*, 2023, 256：124323. DOI：10. 1016/ j. talanta. 2023. 124323.

## （二）环介导等温扩增检测技术

环介导等温扩增检测技术（LAMP）是近年来用于检测核酸的新方法[1]，已应用于食物过敏原检验、致病菌检验等领域。Notomi 等[2]于 2000 年首次报道了 LAMP 这一高特异性、快速、高效的 DNA 扩增方法。LAMP 在 BstDNA 聚合酶催化作用下，以脱氧核糖核苷三磷酸为原料，通过 2 对特异性引物（2 条内引物 FIP、BIP 和 2 条外引物 F3、B3）实现对目的基因 6 个特异序列的识别。Gao 等[3]在研究中，利用 Cu-TCPP 纳米片合成了一种超薄金属有机骨架（MOF），并应用于环介导的等温扩增（Cu-TCPP@LAMP），通过吸收和精确释放单个引物的温度来抑制非特异性扩增，成功检测了食品中含有的花生和大豆过敏原基因，具有良好的检测灵敏度（花生为 5ng/μL，大豆为 10ng/μL）和可靠的重复性（花生变异系数为 3.38%，大豆变异系数为 3.33%）。刘津等[4]针对澳洲坚果中的过敏原构建了一种新型

① 邝筱珊、成晓维、游淑珠等：《食品过敏原大豆成分 LAMP 实时浊度检测法的建立》，《食品工业科技》2014 年第 22 期；张晋豪、王浩东、刘欣悦等：《基于 LAMP 技术快速检测冷鲜鸡新鲜度》，《食品科学》2023 年第 6 期；岳慧敏、李海鑫、罗瑞平等：《基于 LAMP 技术检测速冻肉糜类制品中单增李斯特菌的增菌方法研究及应用》，《食品工业科技》2021 年第 24 期。

② T. Notomi, H. Okayama, H. Masubuchi, et al. , Loop－mediated Isothermal Amplification of DNA. *Nucleic Acids Research*, 2000, 28 （12）: 63. DOI: 10. 1093/nar/28. 12. e63.

③ J. Gao, X. Sun, Y. Liu, et al. , Ultrathin Metal－organic Framework Nanosheets （Cu－TCPP）—Based Isothermal Nucleic Acid Amplification for Food Allergen Detection. *Food Science and Human Wellness*, 2023, 12 （5）: 1788－1798. DOI: 10. 1016/j. fshw. 2023. 02. 031.

④ 刘津、张隽、李婷等：《食物过敏原澳洲坚果环介导等温扩增检测方法的建立与应用》，《食品科学》2014 年第 22 期。

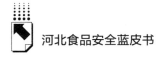
LAMP 引物，该技术对坚果成分具有良好的检出效果。此外，刘津等①通过相同的设计思路，建立了针对巴西坚果中过敏原的一种新LAMP 引物，该方法能够成功检测出坚果中的过敏原。张懿翔等②设计并筛选了 LAMP 特异扩增产物，成功检测了 28 个含有牡蛎的样品以及阴性对照食品，该技术能够检测出样品中牡蛎成分及其 DNA 的含量，具有检测时间短、检测效率高等优点。然而，目前 LAMP 检测食物过敏原的难点主要在于难以设计引物，但 LAMP 在食品过敏原的检测领域仍有广阔的应用前景。

### （三）生物传感检测技术

刘艳等③利用多重连接探针扩增技术（MLPA）实现了多种植物源性过敏原成分的同时检测，该方法最低可检出的 DNA 浓度为 1ng/μL，具有特异性强、灵敏度高的特点，可以应用于食品安全监管工作。Wang 等人④构建了一种新型三明治结构生物传感器，使用分子印迹聚合物识别探针和适配体检测探针测定原肌球蛋白。在最优实验条件下，该方法对原肌球蛋白的检出限为 30.76ng/mL，定量限为 102.53ng/mL。该方法可用于含虾类实际样品中原肌球蛋白的检测，具有广阔的应用前景。

---

① 刘津、陈源树、凌莉：《食物过敏原巴西坚果环介导等温扩增检测方法的建立与应用》，《食品工业科技》2014 年第 14 期。

② 张懿翔、于媛媛、宋春宏：《环介导等温扩增技术快速检测食物过敏原牡蛎成分》，《食品安全质量检测学报》2019 年第 7 期。

③ 刘艳、王鸣秋、李诗瑶等：《基于多重连接依赖探针扩增（MLPA）技术检测加工食品中过敏原成分》，《现代食品科技》2023 年第 6 期。

④ Y. Wang, L. Li, H. Li, et al., A Fluorometric Sandwich Biosensor Based on Rationally Imprinted Magnetic Particles and Aptamer Modified Carbon Dots for the Detection of Tropomyosin in Seafood Products. *Food Control*, 2022, 132: 108552. DOI: 10.1016/j.foodcont.2021.108552.

# 结　语

　　食品安全与否直接影响到人的生活质量甚至与人的生命安全息息相关。食品工业的不断发展，新型食品不断涌现，也使一些新型污染物随之而来，因此需要采取更先进、更全面的检测技术手段实施食品检测，检验方法的开发也必须与时俱进。近年来，纳米技术、合成生物学技术和纳米酶技术的不断发展，使得食品安全检测方法不断地完善和创新，朝着灵敏度更高、检测速度更快、环境更加友好和更加方便快捷的方向发展，这对营造规范的生产经营环境，保证我国食品安全具有重要意义。

# B.10
# 京津冀食品安全跨区域
# 协作监管机制构建与探索

闫训友　刘旭杰　付新成*

**摘　要：** 食品安全问题是影响全球公共卫生和贸易的重要问题，通过食品安全监督机制来控制食品安全非常重要。当前，食品安全跨区域协作监管已成为食品安全管理的重点和难点。构建和完善跨区域协作监管机制，可有效维护食品安全监管体系、保护消费者合法权益、保障民生。本文从京津冀食品安全跨区域协作监管入手，阐述目前食品安全存在的问题，分析造成食品安全问题的原因，并提出解决问题的有效建议和措施。

**关键词：** 食品安全监管　跨区域　监管机制

　　近年来，食品安全已成为国际上日益重要的政策课题。食品安全事件给低收入和中等收入国家造成更大的社会和经济损失。食品安全

* 闫训友，教授，廊坊师范学院生命科学学院党委书记、河北省食药用菌资源开发与应用研发中心副主任，主要从事食品质量安全等方面的教学科研工作；刘旭杰，廊坊市人民政府食品安全委员会办公室副主任，廊坊市市场监督管理局副局长，长期从事食品安全跨区域协调监管的理论和实践研究工作；付新成，廊坊市农业农村局农业综合行政执法支队（廊坊市动物卫生监督所）第三大队副大队长，长期从事动物卫生监督与执法、动物疫病防控等研究与执法工作。

是保障民生、影响国家卫生和贸易、实现国家繁荣昌盛的关键要素。2019 年，中共中央、国务院印发《关于深化改革加强食品安全工作的意见》（以下简称《意见》）。《意见》指出食品安全关系到人民群众身体健康和生命安全，关系到中华民族的未来。党的十九大报告明确提出实施食品安全战略，让人民吃得放心。党的二十大报告将食品安全纳入国家安全体系，强调要"强化食品药品安全监管"。这是党中央着眼于我国的食品安全现状，对食品安全工作作出的重大部署，是决胜全面建成小康社会、全面建设社会主义现代化国家的重大任务。人民日益增长的美好生活需要对加强食品安全工作提出更高要求。必须深化改革、不断创新，用最严谨的标准、最严格的监管、最严厉的处罚、最严肃的问责，进一步加强食品安全工作，确保人民群众"舌尖上的安全"。《意见》还明确，要推进"互联网+食品"的监管，建立基于大数据分析的食品安全信息平台，推进大数据、云计算、物联网、人工智能、区块链等技术在食品安全监管领域的应用，实施智慧监管，逐步实现食品安全违法犯罪线索网上排查汇聚和案件网上移送、网上受理、网上监督，提升监管工作信息化水平。

我国国土面积辽阔，商品流通范围广，食品存在跨地区转移，各地政府之间、政府与其他社会主体之间的协同机制不完善，加大了政府部门治理食品安全风险的难度。要想提高监督和治理效率，基于信息共享机制的食品安全风险社会共治模式是必由之路。食品安全风险社会共治既需要政府、企业、社会等多个主体的共同治理，也需要多地区同一类主体之间加强协作，特别是食品安全风险相似地区的政府监管部门要相互协作。本文以已经发生的食品安全问题为案例，研究不同区域潜在的食品安全风险，比较不同食品安全风险的发生特点，进而探究各区域食品安全风险的空间分布及其诱因，探索区域性食品安全风险的监管机制，为构建区域协作监管体系提供理论支撑。

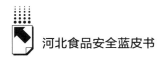
# 一 跨区域协作监管存在的问题

跨区域协作监管有利于落实监管政策、建立一致的政策标准、提高监管效率，从而减轻企业负担，落实属地管理责任和企业主体责任，最大限度地发挥政府的监管职能。京津冀地区在过去 20 多年间一直在加强一体化合作，积极探索食品安全监管跨区域协作机制，并取得了一定的成效，但其中存在的问题也日益凸显，主要包括以下几方面。

## （一）合作层次有待提高

尽管京津冀一体化监管实践已经践行了 20 多年，但在监督过程中，没有制定严格的规章制度，所有的管理措施都以协议的形式存在，有些协议是企业和个人达成的，政府未能充分发挥区域协作立法和区域行政规划等更高层级和更具强制力的引导作用；同时，监督环节和内容没有统一的标准，未能建立高层次多部门联席会议、协商组织，未构建京津冀区域食品安全协同治理委员会等专门的监管机构，仅有临时性联合执法组织。

## （二）合作强度有待提升

在京津冀食品安全协同监管过程中，三地各自充当着重要的角色，必须充分认识并发挥自身在发展大局中的作用，积极主动地投身区域协同监管体系。目前，三地合作力度不大，不能做到食品供应链每一个环节检验全覆盖，并且三个区域没有建立完备的沟通机制，未能做到信息交流和共享，导致食品安全事件时有发生。

### （三）监管力量有待加强

部分县域基层仍然缺乏专业的食品安全监管工作人员，委托生产中出现的异地监管、多点监管、远程监管等复杂局面，增加了基层工作人员的压力和工作量，提高了监管的成本与难度。由于没有统一的领导部门，监管人员工作松散，只是流于形式。同时，由于基层基础设施建设较差，监管人员不能借助已有的科技手段进行有力监管，工作效率降低，进而导致他们对食品生产整个过程的监管有所松懈。

### （四）协作监管机制有待健全

目前食品监管部门实施属地监管原则，没有完整的监管机制，使得不同省（区、市）监管部门之间的职责分工不明确、信息共享和联合沟通机制不健全，导致多部门重复监管现象严重，影响了异地延伸监管的及时性和有效性，无法全面监控跨区域委托生产带来的各种风险。

## 二 造成跨区域食品安全监管问题的主要原因

### （一）不同监管部门之间博弈导致监管困难

食品安全监管由多个相同级别的行政部门共同承担，基于食品监督管理的权力，每个部门都希望自己隶属于食品安全监督管理范围内。当某件事情关乎共同利益时，就可能出现该事情可能由多个部门同时处理或该事情不属于任何部门管辖的情况，这就可能造成正常的协商合作不能顺利推进，出现食品安全监管的漏洞或门槛叠加，当出现问题需要监管部门出面解决时，各个部门相互推诿，引发一系列的食品安全问题。

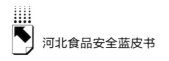

## （二）食品安全信用监管未充分形成合力

除监管部门内部博弈外，地区之间的食品安全信用监管体系也未协调发展，这主要表现在食品原料加工、生产销售以及监管等方面。各地政府多头管理、重复管理，未达成一致的管理方法及明确的管理办法，这对于全区域的统筹规划和协同管理极其不利。此外，在政策执行层依旧是自办自事，缺乏深入合作，协同管理体系缺失。因此，当面对食品安全信用风险时，很难协同处置，不能有效地实现区域间食品安全信用监管的优势互补。

## （三）食品安全信用信息共享渠道不畅通

近些年，随着互联网、大数据、云储存等技术的不断发展，借助互联网技术发展食品安全成为时代发展的大趋势。在经济较为发达的省份，借助互联网信息平台实现全省内部食品安全信息共享早已成为常规操作。但京津冀地区尚未建立统一规范的信息共享管理平台，不同地区在食品安全信息问题上甚至有各自的评判标准，同时也缺乏共同的预警和处置机制，这就进一步阻塞了不同地区之间的信息共享渠道。

## （四）缺乏相应的农产品分散加工监管体系

食品加工的原料以农产品为主，因此保障食品安全要从源头上保障农产品质量安全。如果食品原料受到污染，这将势必贯穿食品加工全体系，造成以该农产品为原料的整个食品产业链的污染。而我国的农产品呈现分布广、基数大的特点，这也就造成监管政策无法落实到相应的每一点。如何建立起高效保质的监管体系，从源头上避免假冒伪劣、以次充好的农产品，将是我们在未来很长一段时间需要探索的课题，也是从源头保障食品安全的重中之重。

# 三　京津冀跨区域食品安全协作监管机制构建

## （一）建立跨区域、跨部门区域综合监管体系

### 1. 构建跨区域信息共享机制

一是搭建食品安全跨区域合作信息平台、信息通报平台、综合服务平台、学习交流平台和信息追溯平台，保证日常信息交流通畅，为联合执法、日常监管、经验学习和风险管控提供支持。二是建立食品安全监管联席会议机制，通过定期商讨、研判食品安全形势和有关重大问题增强京津冀跨区域食品安全风险抵御能力。三是建立联合执法平台，推进监管协查、违法稽查、联动信用惩戒及实验室资质认定互查等。搭建区域性食品安全公共信息平台，实现京津冀范围内食品安全信用信息的共享。利用区块链技术，打造食品供应链信任管理系统，实现企业之间信息互通，增强企业之间信任程度。此外，不同地区可利用现代信息技术搭建食品安全信用监管信息平台，实现区域内食品安全领域信息互通共享，最终实现食品安全信用监管方面的一体化联动。在完善信息共享机制的过程中，建立食品安全电子档案，对接全国信息平台，实现共建共用；同时，建立黑名单制度，齐抓共管，守住食品安全的"底线"。

### 2. 构建跨区域食品安全教育资源共享及经验交流机制

建立联合执法教育培训考核制度。利用地域、人才优势，通过整合各方教育人才资源，建立区域内联合执法和业务交流培训组织，通过对联合执法人员的教育和培训，提高其对政策的理解程度及其依法处事办事能力。建立明确的教育培训课程体系，明确教育培训目标、培训内容、培训标准以及师资要求，确保培训的质量和效果。建立多元化、综合立体的培训课堂。通过实际案情处理、特定情境代入、前

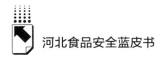
沿技术学习、法律法规更新学习，线上线下教学相结合，不断完善更新执法人员知识体系，提高现场执法处置能力，实现全行业整体素质不断提高。

不断调整和完善食品安全跨区域协同管理相关政策，整合大市场监管背景下相关法律法规，开展综合性、区域性监管政策研究，建立更加完善的食品相关法规政策体系，保证区域内联合执法做到有法可依、有迹可循。

### 3. 构建一体化诚信建设模式

建立包含食品链中各主体的诚信信息、监管者发布的监管信息、消费者和其他第三方的行为信息的信用系统，促进各方主体共享诚信，推动诚信体系建设，为食品在区域内流通消除障碍，营造规范、统一、公平、开放的食品市场环境。

诚信信息应包括食品链中节点企业和经营者个人的各类诚信度信息，且信息应做到公开透明，能够作为消费者消费的导向信息。这就促使食品供应链中的企业和个人除接受法律的监督外，还要受到舆论和道德的约束。政府部门作为系统的"操盘者"、运营者，要及时据实更新相应区域食品链各节点的诚信情况，按照实际推进的情况及时分析调整，确保诚信体系建设的有效性。而第三方作为社会诚信文化建设的重要参与者，要积极参与诚信体系建设，依靠自己的力量宣传诚信体系建设的重要性，维护消费者合法权益。而消费者作为受众群体，要坚决维护自己的权益，自觉抵制不诚信行为及商家。

### （二）优化农产品生产质量安全网络监控平台，全方位保障农产品标准化生产

运用信息化和智能化手段，建立食品安全追溯系统，实现食品"从田间到餐桌"的一条龙式质量监管，全程实时监测畜产品生长生产各个环节情况，对食品生产和销售全过程进行跟踪，保证食品的质

量符合国家标准。国内外已建立了较为完善的食品安全管理智能体系，对食品安全进行全过程追溯。随着互联网技术的发展，基于超高频电子标签技术的产品电子码（EPC）可以对每个商品进行编码，消费者可以使用移动终端来了解食品生产及流通的全过程，从而保证所选商品的安全性。

建立移动执法平台，使食品安全监管人员工作流程标准化，极大地提升食品安全监管人员的实际执法工作质量，实现信息化、网格化监管。

**1. 优化建设农产品实时监控体系，全方位保障农产品标准化生产过程**

优化设置危害分析和质量监管关键控制点，实时、准确地采集主要生产工序与卫生检验、检疫等关键环节信息，有效地监控产品质量安全，及时追踪、追溯问题产品的源头及流向，规范农产品生产全链条操作过程。

**2. 推进检验检测体系全覆盖、产品质量"亮码"**

实施科技资源共享、提高科技资源利用效率已经成为推动新时期科技创新发展的重要路径。充分利用京津冀高校和科研院所资源优势，建立起基于区域范围内整合科技资源的共享平台。充分利用京津冀的资源、科技、人才优势建立一套适用于三个地区的监管体系。借鉴科技资源共享理念，对食品检验检测资源进行梳理整合，通过建设虚拟的共享平台，最大限度地发挥现有食品检验检测资源的效能。加大联合攻关力度，充分利用企业实验室、高校检验室等，强化与企业实验室数据比对，倒逼企业提升检验能力和水平，严把农产品生产全过程检测关，实施农产品生产主体产品检验全覆盖。

推进实施产品质量合格证"亮码"行动，全面提升农产品产业发展和质量安全水平。京津冀各级农业农村部门、市场监管部门和企业应积极配合，推进产地准出与市场准入有效衔接。创新完善农产品质量安全制度体系，重点推进农牧产品实施"亮码"行动，按照整体推进、分步实施原则，深入开展食用农产品合格证提升行动，因地制宜推进各区合格证开具工作，重点推进承诺达标合格证电子化开具、扫码识别、信息追溯等工作，有效落实主体责任，用制度保障降低食品安全问题的风险。

### 3. 构建现代化市场监管体系，提升综合监管效能

充分利用地域优势，开展政产学研监合作，开展食品安全监管政策理论研究和风险管理技术攻关，开展"教授、博士进企业"品牌活动，变企业难题、监管课题为研究命题，创新实验室检验方法等监管实务和监管政策理论研究，在食品安全检验监测技术和监管理论方面形成原创性理论或者成果，助力强化技术能力和监管政策理论支撑。

### （三）构建食品全产业链智慧监管体系

利用物联网技术，实现"从田间到餐桌"全产业体系的食品安全监督保障。针对造成食品安全问题的关键节点，建立科学、高效、多部门联动响应的风险隐患监测预警处理机制，实现风险隐患动态监测、科学评估、精准预警和及时处置。

### 1. 构建食品安全信息追溯一体化平台

探索构建京津冀区域食品安全监管联动与信息共享、监督检查、检验检测行业一体化长效机制；共建食品安全信息追溯一体化平台，持续探索追溯协同，促进并同努力实现重要食品从生产源头、批发配送到终端零售的全流程信息追溯；消除行政与区域壁垒。

### 2. 构建跨部门联合监测预警模型

依托"互联网+监管"等信息系统，针对农产品安全监管关键控制点，构建跨部门联合监测预警模型，建立健全预警指标体系和预警标准，实现风险隐患动态监测、科学评估、精准预警和及时处置。

建设国家"互联网+监管"系统，促进政府监管规范化、精准

化、智能化。"互联网+监管"系统运用大数据、云计算技术能够实现对更大范围、更多对象的动态实时监管。风险预警模型的建立可以帮助监管执法人员提高风险预警能力，由被动的事后补救和处罚，转变为在市场主体违规之前及时主动地发现问题并要求整改，降低社会风险和市场风险。风险预警模型结合具体场景，针对具体问题，以解决问题为目标，建立三地协同联动协调机制，可实现对同一监管对象跨区域、跨部门、全流程的监管和预测，可解决食品安全等领域多头监管、多阶段监管衔接困难等问题。

3. 建立通畅的合作共享通道和信息互通标准，制定预警响应和处置预案

推动京津冀三地在食品生产许可、日常监督检查、问题核查处置上协同统一；统一三地食品生产企业监管标准，推进对跨省市设立食品生产企业监管工作的协调一致。建立和完善应急处理机制，综合考虑食品安全风险要素、多元主体参与要素、应急资源协调要素、体制机制要素和组织能力要素，实现各要素有机连接，建立京津冀协同联动机制，建立和完善基于"事件性质"或"事件情境"的预案启动机制，确保应急预案的可操作性，提高以确定性应对不确定性、化不确定性为确定性、转应急管理为常规管理的预案效能，增强应对突发食品安全事故的反应能力，确保对食品安全事故反应迅速，把事故的损失降到最低限度。

以食品安全为监管理念，将京津冀三地政府、公众、行业、媒体等社会主体融入食品安全风险治理框架，以食品安全监管的主控因素为基础，不断提升政府监管效能、加大政府监管力度、优化市场信息传递方式、推进食品行业健康发展、完善食品安全事件预警与应急处理机制，不断突出各方比较优势，深化监管体制机制改革，推进大数据时代背景下食品安全领域国家治理体系建设和治理能力现代化。

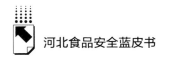

# 参考文献

王春红：《基于大数据环境下食品安全管理的创新路径》，《食品安全导刊》2023年第1期。

陈钢：《风险分析体系在食品安全管理中的应用效果》，《现代食品》2022年第2期。

葛艳、黄朝良、陈明、邹一波：《基于区块链的HACCP质量溯源模型与系统实现》，《农业机械学报》2021年第6期。

李明扬、孙娟娟、仵雁北、娄思涵、冀玮：《创新技术支持下的食品安全风险评估与行政监管关系研究综述》，《中国食品药品监管》2023年第1期。

魏巍：《数字转型实践中的"互联网+监管"：内涵、机制与价值》，《地方治理研究》2023年第2期。

彭思喜、张日新：《我国公共食品安全应急治理组织模式优化》，《中国工程科学》2022年第6期。

王阿妮、徐彪、顾海：《食品安全治理多主体共治的机制分析》，《南京社会科学》2020年第3期。

徐国冲：《从一元监管到社会共治：我国食品安全合作监管的发展趋向》，《学术研究》2021年第1期。

蓝乐琴：《互联网+食品安全监管体系建设与管理实施研究》，《重庆大学学报》（社会科学版）2019年第3期。

刘志鹏：《跨区域政府间合作何以可能？——基于绩效目标差异背景下食品安全监管的分析》，《广西师范大学学报》（哲学社会科学版）2021年第3期。

肖金成、马燕坤、洪晗：《我国区域合作的实践与模式研究》，《经济研究参考》2020年第4期。

聂文静：《中国食品安全风险的空间扩散与驱动机制研究——基于监管力度视角》，《现代经济探讨》2022年第4期。

张利国、黄禄臣：《食品安全多主体共治交互机制的困境与对策分析》，《江南大学学报》（人文社会科学版）2023年第1期。

赵德余、唐博：《食品安全共同监管的多主体博弈》，《华南农业大学学报》（社会科学版）2020 年第 5 期。

周广亮：《协同治理视域下国家食品安全监管路径研究》，《中州学刊》2019 年第 2 期。

黄音、黄淑敏：《大数据驱动下食品安全社会共治的耦合机制分析》，《学习与实践》2019 年第 7 期。

# B.11
# 河北食盐行业发展形势分析及建议

张兰天　赵俊兰　史国华　张岩　马小华　王明定*

**摘　要：** 本文从食盐分类、原盐生产、企业生产、质量安全、市场品牌等多角度论述我国食盐行业发展形势，提出河北食盐行业发展建议，对食盐行业快速、持续、健康、协调发展具有重要理论指导和社会意义。

**关键词：** 食盐行业　质量安全　河北

食盐是人民生活必需品，在国民经济和社会发展中发挥着重要的作用。目前，河北盐业在企业落实主体责任、激发创新活力，政府保障食盐质量安全、建立公平竞争市场环境等方面取得显著成绩，行业整体呈平稳发展态势。

## 一　食盐定义和分类

食盐是直接食用和制作食品所用的盐。食盐的标准法规中明确了食盐的产品类别。根据《制盐工业术语》（GB/T 19420—2021），食盐包括海盐、井矿盐、湖盐。以上三类盐的原料来源不同，其中，海

* 张兰天、史国华、张岩，河北省食品检验研究院，从事食品安全检测与研究工作；赵俊兰、马小华、王明定，河北省市场监督管理局食盐和食用农产品质量安全监督管理处，从事食盐和食用农产品质量安全监管工作。

盐的原料为海水、淡化浓海水或滨海地下卤水，井矿盐的原料为盐矿石或地下天然卤水（不含沿海地下卤水），湖盐的原料为盐湖卤水。[①]《食品生产许可分类目录》中规定，食盐包括食用盐和食品生产加工用盐两类。[②] 其中，食用盐包括普通食用盐（加碘、未加碘）、低钠食用盐（加碘、未加碘）、风味食用盐（加碘、未加碘）、特殊工艺食用盐（加碘、未加碘）。《食品安全国家标准 食用盐》（GB 2721—2015）将食盐分为精制盐、粉碎洗涤盐、日晒盐、低钠盐。四类食用盐的原料和工艺均不同，其中，精制盐的原料为卤水或盐，用真空蒸发、机械热压缩蒸发或粉碎、洗涤、干燥工艺均可制得；粉碎洗涤盐的原料为海盐、湖盐或岩盐，用粉碎、洗涤工艺制得；日晒盐的原料为日晒卤水，用浓缩结晶工艺制得；低钠盐的原料为精制盐、粉碎洗涤盐、日晒盐等中的一种或几种。[③]《食用盐》（GB/T 5461—2016）中食用盐仅包括精制盐、粉碎洗涤盐、日晒盐三类，其原料和工艺与 GB 2721—2015 中的规定一致。[④] 食品加工用盐的分类可参考《食品加工用盐》（QB/T 5535—2020），包括食品加工用日晒盐、食品加工用精制盐、食品加工用加钾盐。[⑤]

**1. 海盐**

我国海盐资源丰富，自然条件优越。目前，我国生产海盐的省份有辽宁、山东、江苏、天津、河北、福建、广东、海南等，主要集中在淮河以北的辽宁、山东、江苏、长芦四大盐区。历史上，海盐在我国盐业生产中一直占据主导地位，但海盐生产高度依赖盐田面积和适

---

① GB/T 19420-2021，《制盐工业术语》。
② 国家市场监督管理总局：《市场监管总局关于修订公布食品生产许可分类目录的公告》，https：//www.gov.cn/zhengce/zhengceku/2020 - 03/27/content _ 5496236. htm。
③ GB 2721-2015，《食品安全国家标准食用盐》。
④ GB/T 5461-2016，《食用盐》。
⑤ QB/T 5535-2020，《食品加工用盐》。

应蒸发的气候条件，传统的晒盐生产方式年产 100 万吨的盐场需 150 平方公里的生产面积，海盐生产土地一般为国有划拨工业用地。近 20 年来，受区域经济发展和滩涂资源保护限制，盐田面积逐渐减少，部分主要产盐区海盐减少。另外，海盐生产企业受制于企业扩能投产、技改、井矿盐产量增加、市场价格冲击等多种因素，海盐产量逐年降低。

2. 井矿盐

20 世纪 70 年代，以水溶压裂法和真空制盐工艺开采井矿盐的方式在中国兴起并被广泛推广，井矿盐产量迅速攀升。目前，我国生产井矿盐的省份有湖南、湖北、四川、云南、江西、安徽、陕西、重庆等。近年来，随着内陆省份不断探明岩盐新的储量及河南、安徽、江苏、陕西等省份相继建设井矿盐项目，井矿盐装置的规模水平向大型化发展，在建项目均在 100 万吨以上，30 万吨以下制盐装置逐步被淘汰，围绕节能降耗、五效真空蒸发工艺、热泵技术的采用力度逐步加大，锅炉脱硫脱硝装置逐步建设并投入使用，井矿盐生产的技术装备、管理水平不断提高，综合能耗持续下降，井矿盐产量逐年提高。2010 年，井矿盐产量（3300 万吨）第一次超过海盐（3287 万吨），此后井矿盐产量一直高于海盐。井矿盐在原盐产量中的占比持续上升，由 1999 年的 26.1% 提高至 2022 年的 61.1%，增加 35 个百分点，成为产量最大的原盐品种。

3. 湖盐

湖盐也称池盐，是原盐的一个重要品种，是直接从盐湖中采掘或以盐湖饱和卤水在盐田中晒制而成的盐产品。[1] 我国盐湖众多，盐湖资源极为丰富，已知盐湖 1500 多个，面积大于 1 平方公里的盐湖有

---

① 王启尧：《海域承载力评价与经济临海布局优化理论与实证研究》，博士学位论文，中国海洋大学，2011。

近千个。目前，我国生产湖盐的省份有内蒙古、新疆、青海等。由于多数盐湖地处自然条件恶劣的高原地带，许多盐湖没有被充分开发利用，因此，早期湖盐生产缓慢、产量较小。随着船采、船运及短水输生产技术的广泛应用，我国已经具备千万吨以上的湖盐生产能力。近年来，湖盐整体发展速度稳定，产业发展稳中有进。

# 二　全国食盐行业概况

## （一）原盐生产

目前，中国原盐产量约占全球原盐产量的 20%，产量总体呈上升趋势，是世界最大的产盐国，中国、美国、印度、德国和澳大利亚的原盐产量总和占世界总产量的 60% 以上。全球原盐消费市场需求结构中，食盐占比约为 23%。中国原盐消费市场以工业用盐、食盐和出口盐为主。

截至"十三五"期末，中国原盐产能为 12000 万吨，产量 9640 万吨，原盐消费量 10591 万吨。其中海盐产能 3590 万吨，井矿盐产能 6735 万吨，湖盐产能 1675 万吨，分别占产能总量的 29.9%、56.1%、14.0%。"十三五"期间，新增产能 655 万吨，其中海盐减少 8%，井矿盐增加 10%，湖盐增加 4%。[①] 2022 年，中国原盐总产量 9775 万吨，其中井矿盐产量 5972 万吨，在原盐总产量中占61.1%；海盐产量 2125 万吨，占 21.7%；湖盐产量 1678 万吨，占 17.2%。

1999 年~2022 年全国原盐产量统计如图 1 所示。

---

[①] 《盐行业"十四五"发展指导意见（2021~2025）》，https：//cnsalt.cn/article/1111.html。

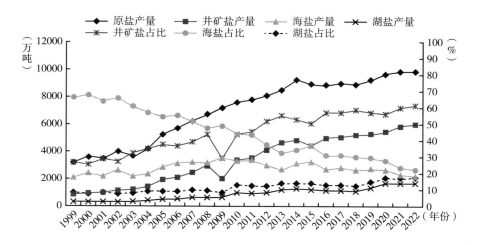

**图1 1999~2022年全国原盐产量统计**

资料来源：中国盐业协会。

1. 海盐产量稳定，占比逐渐下降

1999年，海盐产量为2050万吨，在原盐产量中占65.8%；20多年间，海盐产量在2000~3500万吨波动，而海盐在原盐产量中的占比持续大幅降低，由1999年的65.8%下降至2022年的21.7%。

2. 井矿盐产量快速增长，占比逐年上升

2010年，井矿盐产量为3300万吨，首次超过海盐（3287万吨）；此后井矿盐产量一直高于海盐，在原盐产量中的占比不断上升，由1999年的26.1%提高至2022年的61.1%。

3. 湖盐产量和占比均稳步增长

1999年，湖盐产量为253万吨，在原盐产量中的占比为8.1%；20多年间，湖盐产量稳步增长，占比逐年提高；2022年，湖盐产量达到1678万吨，是1999年的6倍，在原盐产量中的占比上升至17.2%。

## （二）企业情况

目前，全国注册制盐企业 290 家，其中，食盐定点生产企业 131 家（包括 34 家多品种食盐生产企业），分布在 26 个省（区、市）。近 5 年，山东、江苏、湖北、河南、四川、新疆、湖南、重庆、河北、内蒙古的原盐产量排名前 10。

2022 年，全国有 60 余家企业以海盐为原料生产食盐，食盐产量排在前 3 位的为大连盐化集团有限公司、山东莱央子盐场有限公司和天津长芦汉沽盐场有限责任公司。70 余家企业以井矿盐为原料生产食盐，食盐产量排在前 3 位的为湖南省湘衡盐化有限责任公司、中盐东兴盐化股份有限公司和山东肥城精制盐厂有限公司。30 余家企业以湖盐为原料生产食盐，食盐产量排在前 3 位的为广东省盐业集团广州有限公司、内蒙古额吉淖尔制盐有限公司和中盐内蒙古化工股份有限公司。

## （三）消费情况

2011~2022 年，我国原盐和食盐消费量基本保持稳定。2022 年我国原盐消费量 11863 万吨，同比增长约 5%。其中两碱工业盐消费量 10184 万吨，占 86%；食盐消费量 1163 万吨，占 10%（见图 2）；出口盐 116 万吨，占 1%。

盐业体制改革实施以来，食盐批发价格大幅下降。2017 年盐行业资产总额较 2016 年下降将近 8%，销售收入下降约 23%，利润总额下降约 57%。从 2018 年开始，盐行业各项指标逐渐趋好，2021 年我国盐行业资产总额 1600 亿元，同比增长 11.6%；销售收入 636 亿元，同比增长 22.9%；利润总额 48.5 亿元，同比增长 44.2%。

目前，我国食盐定点企业通过各种方式积极探索新的经营模式，全方位整合营销策略，如品牌传播、渠道合作、产品推广促销等，极

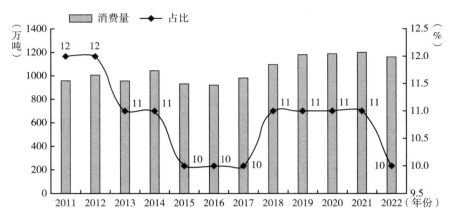

图 2　2011～2022 年全国食盐消费量及占比

资料来源：中国盐业协会。

大地方便了群众的购买和品牌识别，品牌认可度较高的有中盐、淮盐、鲁晶、久大、粤盐、雪天、川晶、海晶、白象等，进口食盐品牌主要为莫顿。

## （四）质量情况

我国政府相关部门网站发布的食盐抽检情况信息显示，2020～2022 年，全国共抽检食盐约 12 万批次，整体合格率在 99.9% 以上。其中，2022 年抽检约 4 万批次，山东、湖北、江苏、四川、河北、湖南、陕西等省份生产的食盐抽检量均超过 2000 批次，合格率约为 99.9%，食盐整体质量安全状况良好。

食盐的质量问题主要集中在碘、亚铁氰化钾/亚铁氰化钠、氯化钾等项目。例如，个别产品的营养强化剂碘（以 I 计）项目不符合食品安全国家标准规定，执行《绿色食品 食用盐》（NY/T 1040—2021）的样品检出超范围使用抗结剂亚铁氰化物（亚铁氰化钾/亚铁氰化钠）等。据相关网站公布信息，2022 年标签检查合格率为

81.0%，较 2021 年（71.6%）标签合格率有明显提升，生产企业对产品标签的重视程度在逐步加深。

### （五）居民食用

食盐中的各种营养元素在人体中都有很重要的作用。氯离子、钠离子、钾离子和水共同维持体液平衡，保持血压平稳；镁离子和钙离子对人体骨骼健康、心脑血管健康和神经系统、免疫系统的活动都至关重要。《健康中国行动（2019—2030 年）》提出合理膳食行动，重点鼓励全社会减盐、减油、减糖，提倡到 2030 年人均每日食盐摄入量不高于 5g。[①]

碘是人体必需的微量元素，是合成甲状腺激素必不可少的重要原料，在维持机体健康的过程中发挥着重要的作用。碘缺乏病是指碘摄入不足而导致的各种疾病，地方性甲状腺肿是最常见的碘缺乏病，克汀病（呆小病）是最严重的碘缺乏病。碘缺乏对人体的危害与缺碘程度有关，轻度缺碘也会引起地方性甲状腺肿，缺碘越严重，地方性甲状腺肿发病率越高，当缺碘至一定程度时，就会导致地方性亚临床克汀病、地方性克汀病的发生，严重影响儿童智力和体格发育。食盐加碘是 WHO 等国际组织推荐的控制碘缺乏病最简单、最安全、最有效的措施。[②] 根据《食盐加碘消除碘缺乏危害管理条例》，我国采取以长期供应加碘食盐为主的综合防治措施。[③]

---

① 《健康中国行动（2019—2030 年）：总体要求、重大行动及主要指标》，《中国循环杂志》2019 年第 9 期。

② 陈丹丹、张秋平、杨通：《浅谈如何开展"防治碘缺乏病日"系列宣传工作》，2021 年。

③ 中华人民共和国国务院：《食盐加碘消除碘缺乏危害管理条例》，https://www.gov.cn/gongbao/content/2017/content_ 5219127.htm。

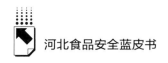

# 三 河北食盐行业概况

## （一）产量情况

河北作为全国产盐大省，同时拥有海盐和井矿盐资源，是全国第二大海盐产区，是"长芦盐"发源地，原盐生产以海盐为主。改革开放以来，河北盐业取得长足发展，盐田面积曾达到 835 平方千米，原盐生产能力 525 万吨，其中位于唐山东南 47 公里的河北南堡盐场，盐田面积 300 平方千米，原盐生产能力 188 万吨，曾居亚洲之首，世界第 3。

近 5 年，河北原盐和食盐产量均稳中有降，2018 年，河北原盐产量 326 万吨，食盐产量 25.3 万吨；2022 年，河北原盐产量 316 万吨，食盐产量 25.4 万吨（见表 1）。

**表 1　2018~2022 年河北原盐和食盐产量**

单位：万吨

| 年份 | 原盐产量 | 食盐产量 |
| --- | --- | --- |
| 2018 | 326 | 25.3 |
| 2019 | 376 | 26.3 |
| 2020 | 373 | 26.7 |
| 2021 | 322 | 27.1 |
| 2022 | 316 | 25.4 |

资料来源：中国盐业协会。

## （二）企业情况

河北现有食盐定点生产企业 11 家（10 家获生产许可证），含多品种食盐生产企业 3 家；食盐定点批发企业 177 家，其中省级定点批发企业 1 家。河北食盐定点生产企业主要分布在沧州和唐山（见表 2）。

**表 2　河北食盐定点生产企业地域分布和产品类型**

| 序号 | 生产企业名称 | 所在地 | 产品 |
|---|---|---|---|
| 1 | 沧州盐业集团银山食盐有限公司 | 沧州 | 粉碎洗涤盐、海晶盐、精制海盐、日晒盐、腌制盐、天然日晒海盐、老盐精品、柠檬茶用盐等 |
| 2 | 河北永大食盐有限公司 | 唐山 | 海水自然晶盐、精制海盐、日晒盐、腌制海盐、自然晶盐、粉碎洗涤盐、精制盐、腌制盐等 |
| 3 | 唐山市唐丰盐业有限责任公司 | 唐山 | 粉碎洗涤盐、海水天然盐、海藻碘盐、精制海盐、精制颗粒盐、日晒盐、日晒海盐、腌制盐等 |
| 4 | 唐山达峰盐业有限责任 | 唐山 | 粉碎洗涤盐、精制海盐、日晒海盐等 |
| 5 | 唐山市银海食盐有限公司 | 唐山 | 低钠盐、粉碎洗涤盐、精制盐、日晒盐、雪花盐、竹盐等 |
| 6 | 河北中盐龙祥盐化有限公司 | 邢台 | 低钠盐、海藻盐、精制食用盐、深井盐等 |
| 7 | 唐山市丰南区第一盐场有限公司 | 唐山 | 精制盐、日晒盐等 |
| 8 | 唐山市南堡开发区冀盐食盐有限公司 | 唐山 | 精制盐等 |
| 9 | 黄骅通宝特种盐业有限公司 | 沧州 | 速溶雪花盐、低钠海盐、海晶盐、天然海盐、自然海盐、精制盐等 |
| 10 | 河北绿海康信多品种食盐有限公司 | 沧州 | 食用竹盐、速溶雪花盐、低钠海盐、海晶盐、天然海盐、自然海盐、日晒腌制盐、精制盐等 |
| 11 | 沧州盐业集团银晶食盐有限公司 | 沧州 | — |

资料来源：河北省市场监督管理局。

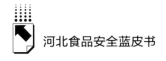

## （三）品牌情况

河北市场流通领域主要销售井矿盐和海盐。食盐品种较丰富，包括低钠盐、精制盐、调味盐、海藻盐、雪花盐、竹盐、泡菜盐等。企业自主品牌包括"沧盐""芦盐""海悦""海莹""十里雪""七箸鲜""永健""中澳""盐厨子"等百余个品牌。"沧盐"曾荣获中国绿色食品博览会金奖，其加碘腌制盐、加碘精晶海盐、加碘海晶盐等8个产品获得农业部绿色标识。"芦盐"系列产品被中国绿色食品发展中心认定为绿色食品产品，曾荣获中国绿色食品博览会金奖。河北食盐产品销往北京、天津、吉林、内蒙古、浙江、广东、海南等23个省（区、市）。

## （四）质量监管

2018~2022年，河北省市场监督管理局积极谋划，认真组织实施，深入推动食盐质量安全工作开展，保障人民群众安全、放心用盐。

（1）组织监管部门和企业开展食品生产许可业务培训，指导企业对照法规、标准和技术规范要求进行自查自纠，认真组织进行材料审核、现场核查，严格审查企业食品生产条件。全省10家食盐定点生产企业获领食品生产许可证。开展食盐生产经营风险分级管理，全省食盐定点生产企业、批发企业全部实现风险分级动态管理。

（2）每年全覆盖开展食盐生产体系检查，深入排查食盐生产风险隐患，促进食盐生产企业质量管理水平全面提升。开展食盐质量整治提升行动，查处食盐生产、经营过程中各类质量违法行为，整治解决食盐质量安全问题、隐患和管理漏洞，查办食盐质量违法案件26起。将食盐抽检纳入年度食品抽检计划，抽检样品采集涵盖生产、批发、零售、使用各个环节和全部食盐产品品种。近年来河北省食盐合格率为99.7%~99.95%。

（3）开发建设"河北省食品追溯平台"，把食盐等八类食品生产经营者作为重点，加大系统推广应用力度。食盐生产企业、批发企业及时、准确、全面录传产品信息，实现食盐全程追溯管理。

（4）实现食盐安全社会共治良好氛围。以"食品安全宣传周"、"3·15"消费者权益保护日、"5·15"碘缺乏病防治等活动为契机，积极向社会公众大力宣传食盐质量安全监管法律法规及用盐安全知识。

# 四　发展建议和对策

河北食盐行业在"十三五"期间取得的成绩为"十四五"发展奠定了扎实基础。目前，河北食盐行业整体实力不强，呈现"小、散、弱"的特点；品牌影响力不大，产品知名度不高；海盐资源未充分开发，综合利用率低；市场开拓和竞争能力不足，产品市场占有率较低；生产工艺落后，技术研发水平低，资金投入不够。根据以上河北食盐行业现状，提出如下建议和对策。

## （一）科学规划，统筹布局，增强整体实力

科学规划河北食盐行业发展，制定短期、中期、长期发展目标，统筹行业整体布局，梳理上下游产业关系，推动食盐行业向集约、智能、绿色的高质量模式发展，促进河北由盐业大省向盐业强省转变。

### 1.整合资源，优化布局，激发企业活力

坚持创新理念，凝聚行业优势，逐步淘汰过剩落后产能，发挥龙头企业作用，不断做大、做强。一是有效整合资源。鼓励企业通过联合、兼并重组、产销合作等多种方式，提高产业集中度，协调合理分

配市场份额，逐步形成一批具有核心竞争力的企业集团。二是提升存量资产整体收益。遵循"先易后难、分部推进、逐步优化"的思路，淘汰落后产能，逐步实现产业布局和产品优化，促进资产保值增值。三是激发企业活力。借鉴国内外行业成熟实践经验，聚焦企业现代化管理模式，不断激发企业活力和内生动力，培育基础牢、能力强、具有竞争优势的企业，建设现代化盐业集团。

**2. 培育品牌，大力宣传，打造全国知名品牌**

实施"三品"战略，充分发挥品牌创建对行业发展的推动作用。一是增强品牌意识。研究制定品牌发展规划，结合市场动向，围绕产品创新、市场营销和消费者服务，建立品牌管理体系。二是培育知名品牌。挖掘海盐传统文化，赋予海盐历史内涵，推广以海盐为原料的地理标志、原生态、功能型、营养型食盐系列产品，为消费者提供品种丰富、品质优良、包装精美的食盐。优化品牌服务体系，增强品牌软实力，提升品牌竞争力和产品附加值。三是加大海盐宣传力度。让消费者了解海盐优点，海盐富含多种微量元素，特别是古法晒制海盐含有钙、镁、钾、磷、锶、铁、氨基酸等物质。四是拓展宣传渠道。充分利用电视、广播、网络、抖音、微信等多种媒体和渠道，宣传海盐文化和知识，推广河北海盐品牌，提高消费者对河北食盐的认知度，提升河北盐业知名度。

**3. 科学管理，风险防控，提高企业管理水平**

一是建立科学管理制度。建立项目投资评估管理制度，避免盲目投资；建立财务集中管理审批制度，推行资金预算管理；建立人事公平竞争和绩效考核制度，引进培养熟悉业务、勇于创新的领军人才；建立审计监督制度，完善监督与风险防控机制；建立纪检监察制度，健全监督和责任追究机制。二是加强风险防控。鼓励企业参照 GMP 标准建设厂房，装备全自动化包装生产线，严格按法律法规和标准组织食盐生产，从原料把控到生产过程控制、从包装到运输存储，全链条、全过程落实企业主体责任，保障食盐安全。三是提高企业管理水平。推动企业创新组织形式、管理理念、企业文化，加强管理体系和能力建设，提高风险防控能力和市场应变能力，实现管理精细化、标准化，提升企业管理水平。

### （二）开拓市场，丰富品类，探索多种经营模式

开拓省内和省外市场，探索多种经营模式，不断提高市场占有率。

**1. 搭建渠道，发展物流，开拓国内外市场**

充分利用"一带一路"倡议，开拓国内国际市场。一是围绕省内和省外市场、国内和国际市场、食品加工企业的营销策略，提高市场份额，培育新老优质客户，提高市场占有率。二是构建销售网络，以商场超市、品牌直营店、加盟店、连锁店等为销售终端，以服务顾客为导向，建立高效、细致、个性化服务的综合连锁经营体系；积极探索新经营模式。全方位整合营销策略，如品牌传播、渠道合作、产品推广等，尝试电子商务和新业态，如电视、广播、网络等新销售方式。三是发展现代化物流，建立仓储大数据共享体系，提高直配率、直供率，降低物流成本，提高物流保障水平。

**2. 聚焦需求，精准定位，研发绿色天然海盐**

以消费者需求为导向，研发多品种盐，丰富食盐品类。一是研发多品种海盐。以海盐为原料，开发增味、提鲜等调味盐产品，满足消费者的不同需求，满足市场多样化发展趋势，形成不同价格梯度的多品种海盐产品。二是研发中高端海盐。以绿色、健康、高品质为定位，以原生态、绿色、注重天然为开发方向，重点研发高中端个性化、差异化、定制化海盐，研发具有无添加、绿色健康、生态特色的海盐。三是吸收国内外先进产品研发技术，促进国内盐产品升级换代，促使食盐产品向安全、功能、绿色、生态等方向发展，更好地满足市场和消费需求。

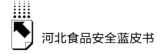

### 3. 利用盐田，生态优先，推动盐田综合开发利用

渤海湾地区是我国最重要的海盐生产基地，产量约占全国海盐产量的 70%。[1] 一是充分利用河北海盐资源地理优势。河北海盐区位于渤海湾西岸，南起海兴县、北至秦皇岛市山海关区，盐田主要分布在唐山、沧州两市的丰南、滦南、乐亭、黄骅、海兴等几个沿海市县，在土地、资源、气候条件、海水浓度、交通条件方面，均有得天独厚的优势。二是探索建立生态工业园。鼓励发展低碳、循环、绿色生态工业园，打造节约化、再利用、循环型、可持续生态产业链。探索风能、太阳能、地热等清洁能源新业态，实现绿色、协调发展。三是综合利用海水资源。促进海盐多元化发展，稳步推进渔业用盐、畜牧用盐、医药用盐、工业盐、肠衣盐、融雪剂、水处理剂、日化盐、饲料添加剂等产品开发。开发海水淡化项目，综合利用苦卤，开展镁、钾、溴、硫酸盐等产品的提取和深加工。

### （三）科技创新，提升工艺，打造产业集群

加强科技创新，深化产学研合作，打造产业集群。

#### 1. 创新机制，成果共享，打造产业集群

一是培育技术创新示范区。积极争取政策支持，推动新技术研发成果市场化应用，培育企业技术创新示范区。二是搭建产学研共享平台。企业积极同科研机构联合开展科技攻关，搭建产学研共享平台，逐步实现"共建、共用、共享"。三是打造产业集群。鼓励企业综合利用海盐资源，发展循环经济，打造高附加值特色产业，如盐田生物、风光发电、水产养殖、工业旅游等，逐步形成产业集群。

#### 2. 改进工艺，提升设备，提高自动化水平

鼓励企业实现生产机械化、设备自动化、全流程控制信息化。一

---

[1]　刘中才：《影响烧碱市场因素的分析》，《氧碱工业》2005 年第 7 期。

是改进工艺，提高自动化程度。推广海盐采、收、运机械化，粉筛、包装、仓储、堆码运输机械化、自动化；推广 DCS 集散控制技术和智能化装备代替劳动密集型岗位技术。二是淘汰落后工艺和设备。推广机械热压缩制盐工艺和五效、六效真空制盐技术，鼓励通过热泵、热联合等技术对能量系统进行优化。三是探索数字技术在制盐工艺全流程中的运用，提升信息化技术水平，提升企业的信息化水平。

3. 节能降耗，清洁生产，推动行业绿色发展

发展循环经济，降低产品能耗、物耗，实现清洁生产。一是调整能源结构。鼓励有条件的生产企业积极采用新能源技术，大力发展循环经济，提高资源综合利用水平。二是降低能耗。应用具有节能减排功能和资源循环利用的技术和装备，有效监控生产过程中的能源消耗和废物排放。三是绿色生产。增强节能降碳、绿色低碳意识，形成绿色清洁的生产方式，持续改善环境质量，加强盐田生物多样性和生态环境保护，提升生态系统质量和稳定性，推动"减碳"经济发展。

## （四）智慧监管，过程监管，不断推动行业进步

全面落实"四个最严"要求，督促企业落实主体责任。加强对食盐生产经营的全链条监管，完善信用体系和电子追溯体系建设，严厉打击违法行为，守护人民群众"舌尖上的安全"。

1. 提升监管水平，完善过程追溯，实现全链条监管

加强监管，提升食盐质量安全治理水平。一是督促企业有效落实食品安全主体责任，引导食盐生产经营企业建立健全食盐安全管理制度，加强产品质量全过程管理。二是推进盐业信用和食盐电子追溯体系建设。不断完善食盐电子防伪追溯体系建设，指导食盐定点生产企业和食盐定点批发企业建立食盐电子防伪追溯体系，实现食盐来源可追溯、责任可追究。三是规范网络销售。明确食盐定点批发企业和电子商务平台等经营单位的主体责任，规范食盐网络经营行为，突破区

域壁垒和市场分割问题，积极推进线上线下一体化监管。四是畅通投诉举报和监督渠道，加强食盐安全舆情监测和风险研判，及时公布食盐定点企业的违法失信信息，营造安全放心的消费环境。

**2. 应用信息和数字技术，实现智能化管理**

一是推进生产运营智能化。运用大数据、云计算、物联网、移动应用和人工智能等技术，鼓励生产企业建设智能工厂、智能车间，实现产品生产全过程可追溯，以智能化管理、自动化生产为手段，优化生产流程，降低运营和能耗成本，提高生产效率，通过精细化管理助推企业发展。二是推进用户服务智能化。运用物联网、大数据等信息化技术，打造数字化供应链和销售系统，实现用户需求的实时感知、分析和预测，实现从订单到交付全流程的精准服务。三是推进监管智能化。构建"来源可查、去向可追、风险可控、责任可究"的全程数字化闭环管理体系，提高日常监管效能。

**3. 完善标准，提高质量，为海盐发展创造有利条件**

完善盐行业标准体系建设，不断提高食盐质量。一是梳理整合现有标准。理顺盐行业标准体系中的国标、行标、企标、团体标准的关系，提升标准的科学性和实用性。二是规范产品分类和质量分级。根据海盐、湖盐、井矿盐的不同原料来源推动产品质量升级，完善标签标识规定，对食盐产品类别及质量等级进行明确。三是推动行业标准和团体标准的制定。鼓励企业积极参与国家、行业、地方、团体标准的制定，争取话语权，制定海盐产品系列标准，提高海盐质量和品质，为海盐发展创造有利条件。

综上所述，"十四五"时期是盐行业继续落实盐业体制改革精神，推进产业转型升级，践行创新发展、绿色发展的关键期。① 习近

---

① 《盐行业"十四五"发展指导意见（2021—2025）》，https：//cnsalt.cn/article/1111.html。

平总书记在党的二十大报告中指出，高质量发展是全面建设社会主义现代化国家的首要任务。① 河北食盐生产企业应立足创新，以提质增效为基础，加大科技研发力度，坚持供需平衡、创新驱动、集群发展、绿色发展，继续深入落实盐业体制改革精神，通过供给侧结构性改革，全面推进河北食盐行业高质量发展。

① 何立峰：《高质量发展是全面建设社会主义现代化国家的首要任务》，《人民日报》2022 年 11 月 14 日。

# B.12
# 2022年河北省食品安全社会
# 公众综合满意度调查报告

河北省市场监督管理局

**摘　要：** 2022 年，河北省市场监督管理局委托第三方调查机构对河北省食品安全社会公众综合满意度进行了问卷调查并形成了本调查报告。调查结果显示，河北省 2022 年食品安全群众满意度为 83.78%，较 2021 年的 83.18% 提升了 0.6 个百分点。

**关键词：** 社会公众　食品安全　问卷调查

## 一　调查背景

习近平总书记在党的二十大报告中提出要推进健康中国建设，把保障人民健康放在优先发展的战略位置，完善人民健康促进政策。习近平总书记强调，各级党委和政府及有关部门要全面做好食品安全工作，坚持最严谨的标准、最严格的监管、最严厉的处罚、最严肃的问责，增强食品安全监管统一性和专业性，切实提高食品安全监管水平和能力。要加强食品安全依法治理，加强基层基础工作，建设职业化检查员队伍，提高餐饮业质量安全水平，加强"从田间到餐桌"全过程食品安全工作，严防、严管、严控食品安全风险，保证广大人民群众吃得放心、安心。

党的二十大做出了"强化食品药品安全监管","坚持安全第一、预防为主，完善公共安全体系，推动公共安全治理模式向事前预防转型"的重要部署，明确了"增强忧患意识、坚持底线思维、主动防范化解风险"等重要要求，做出了"实现高质量发展""构建全国统一大市场""推进健康中国建设""树立大食物观"的决策部署，这些重大决策和重要需求，为食品生产监管工作指明了前进方向，提供了根本遵循，增强了奋斗动力。为深入贯彻落实"推进健康中国建设，把保障人民健康放在优先发展的战略位置"的工作要求，守护百姓"舌尖上的安全"，河北省市场监督管理局把学习贯彻党的二十大精神作为首要政治任务，着力在全面学习、准确把握、认真落实上下功夫，深刻领悟"两个确立"的决定性意义，增强"四个意识"、坚定"四个自信"、做到"两个维护"，切实把党的二十大精神转化为指导实践、推动工作的强大力量。河北省市场监督管理局严格落实"四个最严"要求，按照总局工作部署，聚焦"四线"进一步抓好食品生产监管，开展每年一次的河北省食品安全群众满意度调查。

食品安全事关广大城乡居民的身体健康，已成为当前社会各界关注的焦点。为全面了解河北省社会公众对食品安全工作的满意程度和整体评价，检查各地食品安全监管工作责任的落实，研究分析食品安全存在的问题与原因，并为制定相关措施和政策提供信息支持，根据国务院食品安全办制定的《食品安全满意度调查工作指南》，河北省市场监督管理局开展食品安全满意度调查工作，坚持"人民至上"的原则，充分掌握社会公众需求，找出社会公众最关注的食品安全领域问题，将社会公众满意度调查与重点工作联系起来，实现食品安全监管工作的有效管理，了解河北省社会公众对食品安全总体满意度、社会公众食品安全知识知晓率和食品安全行为形成率，为河北省食品安全环境建设提供科学依据。

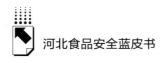

# 二 调查原则

本次食品安全满意度调查本着客观性、实证性、多向性、指导性的原则。

## （一）客观性原则

客观性原则是指在调查时，调查者应该按照事物的本来面目了解事实本身，必须无条件地尊重事实，如实记录、收集、分析和运用材料。调查者在实施调查计划时，对调查对象不抱任何成见，收集资料不带主观倾向，对客观事实不能有任何一点增减或歪曲，这是教育调查中必须遵循的实事求是的科学态度，也是从事调查研究最基本的一条原则。

## （二）实证性原则

实证性原则是指调查研究的结论及与其相联系的所有观点都必须为真实、可行的资料所充分支持。在调查研究中贯彻实证性原则主要体现在：一要调查报告以资料、数据为依据，观点、意见、建议等不能凭空臆想；二要调查所产生的结论既来自调查材料，真实可行，又要避免以偏概全，以局部的、零散的材料说明总体、全面的情况；三要尽量用定量资料说明观点。在调查过程中要坚持对调查材料进行定性与定量相结合的分析。在进行具体操作时，不能使用"也许""大概""差不多"等词句。只有坚持定性与定量相结合的调查研究和分析，才能真实、具体地反映现象。

## （三）多向性原则

多向性原则是指调查者在调查中，应该多角度、多侧面去获得有关的材料，即进行全面调查，注意横向与纵向、宏观与微观、多因素与个别因素的结合，使调查既有全面性又有代表性。满意度调查的对象是干部、教师、农民、企业家等，是不断变化的人。因此，在进行调查研究时，不仅要了解对象以往的特点，也要调查他们新产生的特点，了解他们的发展趋势。

### （四）指导性原则

食品安全满意度调查的结果可作为政府监管部门查漏补缺、完善工作的参考依据，各相关政府部门可根据调查结果开展进一步的研究，回应公众诉求。

## 三　调查依据

构建河北省食品安全满意度指标以及实施满意度调查工作的依据主要包括有关满意度测评、指标体系构建、样本量确定、抽样方法和数据采集、指标赋权、数据统计、加工和处理、分析和结果应用等方面的国家、行业、地方、团体标准和参考文献：

（1）GB/T 21664《工作抽样方法》；

（2）GB/T 19039《顾客满意测评通则》；

（3）GB/T 37273-2018《公共服务效果测评通则》；

（4）GB/T 31174《国民休闲满意度调查与评价》；

（5）GB/T 26315《市场、民意和社会调查术语》；

（6）GB/T 19038《顾客满意测评模型和方法指南》；

（7）GB/T 26316《市场、民意和社会调查服务要求》；

（8）GB/Z 27907《质量管理顾客满意监视和测量指南》；

（9）GB/T 19010《质量管理顾客满意组织行为规范指南》；

（10）GB/T 19012《质量管理顾客满意组织处理投诉指南》；

（11）GB/T 19018《质量管理 顾客满意 企业—消费者电子商务交易指南》；

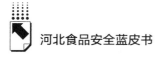
（12）《问卷设计手册——市场研究、民意调查、社会调查、健康调查指南》。

# 四 调查技术路线

## （一）调查对象

### 1.调查对象界定

本次食品安全满意度问卷调查选取的调查对象是 18～70 岁在当地居住半年以上且没有参加过食品行业市场调查活动的人群，并且调查对象自己或与其同住的家人没有在市场研究公司/广告公司以及食品生产、经营、新闻媒介等行业工作过。

### 2.调查对象分布

（1）调查对象性别分布

本次调研中，男性公众占 53.53%，女性公众占 46.47%，男女比例与河北省第七次全国人口普查数据基本一致（见图 1）。

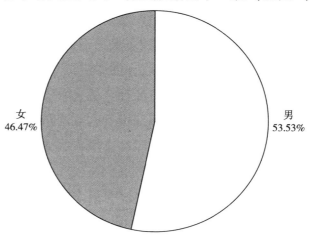

**图 1 受访者性别分布**

资料来源：河北省市场监督管理局。

（2）调查对象年龄分布

参与本次调查的公众中，50周岁及以下的公众是本次满意度测评的主要参与者，所占比例达到了85.36%（见图2）。

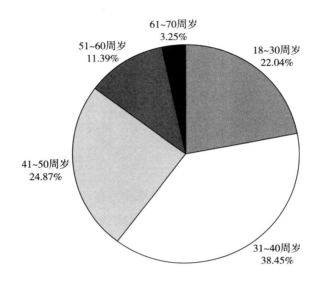

**图2　受访者年龄分布**

资料来源：河北省市场监督管理局。

（3）调查对象职业分布

参与本次调查的公众中，自由职业者、民营企业职工、个体工商户/私营企业主所占比例较高，分别为24.49%、24.21%、21.08%，国企、事业单位人员占比为14.86%，这四类职业公众的总占比达到了84.64%（见图3）。

（4）调查对象学历分布

参与本次调查的公众中，受过高等教育即高职/大专及以上学历公众的占比为50.69%，学历为高职/大专以下公众的占比为49.31%（见图4）。

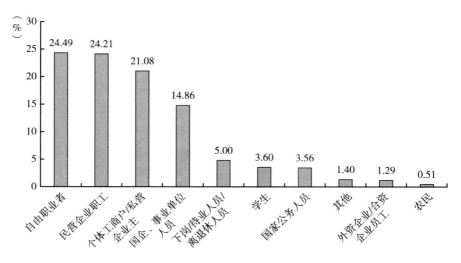

**图3 受访者职业分布**

资料来源：河北省市场监督管理局。

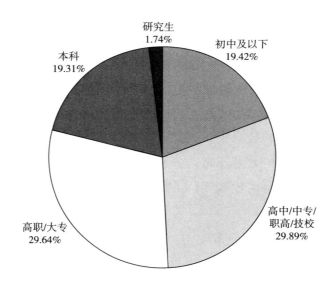

**图4 受访者学历分布**

资料来源：河北省市场监督管理局。

（5）调查对象居住地分布

参与本次调查的公众中，城镇居民占比为 73.35%，农村居民占比为 26.65%（见图 5）。

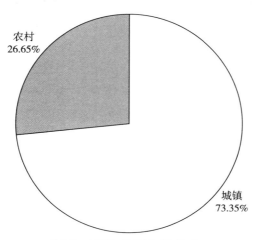

**图 5　受访者居住地分布**

资料来源：河北省市场监督管理局。

## （二）调查范围

调查范围是河北省 11 个地市，雄安新区，定州市、辛集市 2 个省直管市。

## （三）指标体系

食品安全社会公众满意度指标体系如表 1 所示。

**表 1　食品安全社会公众满意度指标体系**

| 总指标 | 一级指标 | 二级指标 | 三级指标 |
|---|---|---|---|
| 食品安全满意度 | 食品安全监管满意度 | 食品安全信息公开满意度 | 食品安全科普宣传工作 |
| | | | 食品安全案件查处、处罚信息公开情况 |
| | | 食品安全监管执法满意度 | 对食品生产、经营机构的日常监督检查和评定管理效果 |

| 总指标 | 一级指标 | 二级指标 | 三级指标 |
|---|---|---|---|
| 食品安全满意度 | 食品安全监管满意度 | 食品安全监管执法满意度 | 违法行为打击效果 |
| | | | 食品安全投诉举报渠道畅通情况 |
| | | 食品安全抽检满意度 | |
| | 食品安全状况满意度 | 主要食品种类满意度 | 米、面、油 |
| | | | 肉类及肉制品 |
| | | | 蔬菜、水果 |
| | | | 乳制品 |
| | | | 水产品 |
| | | | 禽蛋类 |
| | | | 酒水饮料 |
| | | | 零副食 |
| | | 主要食品经营场所满意度 | 商场、超市 |
| | | | 便利店、小卖铺(社区店) |
| | | | 饭店、餐馆 |
| | | | 小摊贩、小餐饮、小作坊 |
| | | | 农贸市场 |
| | | | 网络订餐 |

资料来源：河北省市场监督管理局。

## （四）样本量

本次调查在确定样本量时主要考虑可以接受的抽样误差水平。根据自身规模等级确定 3%～5% 的抽样误差水平，确定相应的样本量。根据《食品安全满意度调查工作指南》要求，按照统计学原理，本次调查的样本量如下。

根据数理统计理论，在确定满意度调查样本量（样本容量）时，当总体样本量达到 10 万及以上量级时，最低的样本容量与总体样本量不存在必然联系，而主要受到误差和置信水平的影响，其计算公式如下：

$$N = \frac{Z^2 [P \times (1 - P)]}{E^2}$$

其中：$N$ 为样本容量、$Z$ 为统计量、$P$ 为概率值、$E$ 为误差。

根据以上公式以及置信水平和统计量的关系，得到样本容量与置信水平、允许误差的对应关系（见表2）。

**表2 样本容量与置信水平、允许误差对应情况**

单位：份

| 置信水平 | 允许误差 | | | | |
|---|---|---|---|---|---|
| | 1% | 2% | 3% | 4% | 5% |
| 80.0% | 4096 | 1024 | 456 | 256 | 164 |
| 85.0% | 5184 | 1296 | 576 | 324 | 208 |
| 90.0% | 6766 | 1692 | 752 | 423 | 271 |
| 95.0% | 9604 | 2401 | 1068 | 601 | 385 |
| 99.0% | 16590 | 4148 | 1844 | 1037 | 664 |
| 99.9% | 19741 | 4936 | 2194 | 1234 | 790 |

资料来源：河北省市场监督管理局。

因此满意度调查之前需要结合所在地实际情况确定置信水平和误差，进而根据置信水平和误差确定抽样的样本量。

经综合考虑，本次满意度调查采用以下方案。

全省总体初步样本量为19741份，总体置信水平为99.9%，允许误差为1%。因此实际值低于调查结果0.5%的概率为0.05%，而高于调查结果0.5%的概率同样为0.05%。

将总体初步样本量19741份依据各市（区）、县（市、区）的人口占比进行分层分布：当分布到县（市、区）的样本量低于100份时，按100份计；而定州市、辛集市低于500份时，按500份计。因此可得到计划样本量共计22723份，也就是有效样本量最低要求为22723份。

综上所述，河北省各市（区）计划样本量如表3所示。

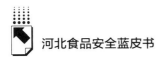

### 表3  河北省各市（区）计划样本量

单位：%，份

| 市（区） | 人口占比 | 计划样本量 |
|---|---|---|
| 石家庄市 | 14.26 | 3077 |
| 邯郸市 | 12.62 | 2602 |
| 邢台市 | 9.53 | 2138 |
| 保定市 | 12.39 | 2662 |
| 秦皇岛市 | 4.20 | 964 |
| 张家口市 | 5.52 | 1672 |
| 唐山市 | 10.34 | 2091 |
| 衡水市 | 5.65 | 1264 |
| 沧州市 | 9.79 | 2122 |
| 承德市 | 4.50 | 1128 |
| 廊坊市 | 7.32 | 1503 |
| 定州市 | 1.47 | 500 |
| 辛集市 | 0.80 | 500 |
| 雄安新区 | 1.62 | 500 |
| 合计 | 100 | 22723 |

资料来源：河北省市场监督管理局。

## （五）抽样方法

抽样的具体方法为每个县（市、区）按照随机抽样的方式，随机选择在当地居住半年以上的居民进行数据采集。

## （六）调查方法

本次满意度调查采用拦截访问、电话访问、网络调查等多种方法作为调查手段。

电话调查。通过呼叫中心在电话样本库内随机呼叫做满意度调查。

网络调查。网络调查是通过互联网平台发布问卷，由调查对象自行选择填答的调查方法。其主要优势是访问者与公众可以互动，即访问者可以及时浏览调查结果。从样本来源角度看，网络调查可以在更为广泛的范围内对更多的人进行数据收集。

微信调查。微信调查是指将调查系统链接通过微信群及微信好友进行传播，广泛地邀请当地居民进行问卷填写的方式。

实地走访调查。实地走访调查是指访问员在指定地点随机访问消费者，就地开展一对一式的问卷调查。此调查方式具有执行效率高、成本相对较低、现场质量控制较好等优势。

1. 问卷题目计分方式

调查各指标对应的访问问题均为封闭式、5级李克特（Likert）态度测量量表、单项选择题。

各选项原始计分原则为"非常满意"得100分，"比较满意"得80分，"一般"得60分，"不太满意"得40分，"很不满意"得20分。

2. 样本加权处理

当实际完成的样本量与设计样本量在性别结构、年龄结构及城乡结构上有较大差异时，依据七普数据进行加权处理。辅助调查方法获得的配额样本可参照随机样本，进行加权处理。


# 五　综合满意度分析

## （一）全省公众总体满意度

调查结果显示，河北省2022年食品安全公众满意度为83.78%。从全省公众评价来看，做出满意评价（评价结果为非常满意和比较满意）的公众比例为79.60%，做出不满意评价（评价结果为不太满意和很不满意）的公众比例为3.98%，整体上公众满意度评价较高（见图6）。

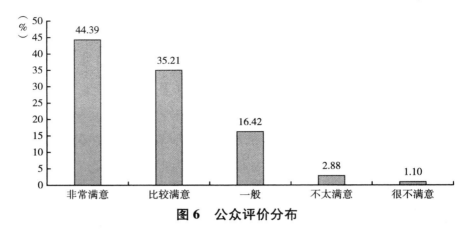

**图6 公众评价分布**

资料来源：河北省市场监督管理局。

从 2019~2022 年食品安全公众满意度评价变化来看，河北省食品安全公众满意度呈现逐步提升的趋势，但变化幅度不大（见图7）。食品安全相关部门应继续注重解决民生问题，提升食品安全质量，从而提高公众满意度。

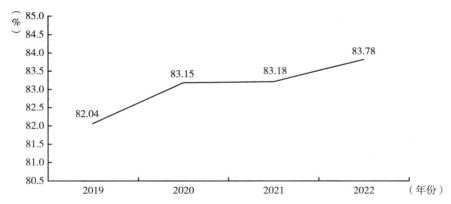

**图7 2019~2022 年河北省食品安全公众满意度变化情况**

资料来源：河北省市场监督管理局。

（二）各市（区）总体满意度

本次调研中，公众满意度排名前 3 的市（区）为秦皇岛市（85.20%）、衡水市（85.10%）、廊坊市（85.03%），公众满意度排名后 3 的市（区）为雄安新区（81.96%）、辛集市（81.88%）、定州市（81.76%）（见表4）。

**表4　各市（区）公众满意度及排名情况**

单位：%

| 市（区）名称 | 公众满意度 | 排名 |
|---|---|---|
| 秦皇岛市 | 85.20 | 1 |
| 衡水市 | 85.10 | 2 |
| 廊坊市 | 85.03 | 3 |
| 石家庄市 | 84.90 | 4 |
| 唐山市 | 84.50 | 5 |
| 邢台市 | 83.92 | 6 |
| 沧州市 | 83.72 | 7 |
| 邯郸市 | 83.12 | 8 |
| 张家口市 | 83.02 | 9 |
| 保定市 | 82.36 | 10 |
| 承德市 | 82.25 | 11 |
| 雄安新区 | 81.96 | 12 |
| 辛集市 | 81.88 | 13 |
| 定州市 | 81.76 | 14 |
| 全省平均值 | 83.78 | |

资料来源：河北省市场监督管理局。

（三）各县（市、区）总体满意度

从全省公众评价来看，全省排名前 5 的县（市、区）为秦皇岛市北戴河区（89.73%）、邢台市广宗县（89.60%）、邢台市隆尧县（89.55%）、唐山市迁安市（89.44%）、石家庄市井陉县（89.40%），全省排名后 5 的县（市、区）为沧州市河间市（77.79%）、承德市双桥区（77.20%）、保定市高碑店市（76.83%）、邯郸市大名县（76.68%）、邯郸市肥乡区（76.19%）（见表5）。

表5 2022 年河北省各县（市、区）公众满意度及排名情况

单位：%

| 市（区）名称 | 县（市、区）名称 | 满意度 | 全省排名 |
|---|---|---|---|
| 秦皇岛市 | 北戴河区 | 89.73 | 1 |
| 邢台市 | 广宗县 | 89.60 | 2 |
| 邢台市 | 隆尧县 | 89.55 | 3 |
| 唐山市 | 迁安市 | 89.44 | 4 |
| 石家庄市 | 井陉县 | 89.40 | 5 |
| 石家庄市 | 赞皇县 | 89.20 | 6 |
| 邯郸市 | 磁县 | 89.12 | 7 |
| 沧州市 | 盐山县 | 89.11 | 8 |
| 邯郸市 | 馆陶县 | 89.00 | 9 |
| 衡水市 | 故城县 | 88.75 | 10 |
| 石家庄市 | 元氏县 | 88.70 | 11 |
| 唐山市 | 迁西县 | 88.63 | 12 |
| 沧州市 | 东光县 | 88.60 | 13 |
| 沧州市 | 海兴县 | 88.60 | 13 |
| 秦皇岛市 | 昌黎县 | 88.59 | 15 |
| 唐山市 | 滦南县 | 88.45 | 16 |
| 沧州市 | 南皮县 | 88.40 | 17 |
| 石家庄市 | 赵县 | 88.35 | 18 |
| 沧州市 | 黄骅市 | 88.26 | 19 |
| 秦皇岛市 | 抚宁区 | 88.20 | 20 |
| 廊坊市 | 香河县 | 88.20 | 20 |
| 衡水市 | 冀州区 | 88.13 | 22 |
| 廊坊市 | 霸州市 | 88.00 | 23 |
| 石家庄市 | 高邑县 | 88.00 | 23 |
| 石家庄市 | 无极县 | 87.90 | 25 |
| 衡水市 | 饶阳县 | 87.88 | 26 |
| 廊坊市 | 大厂回族自治县 | 87.80 | 27 |

续表

| 市（区）名称 | 县（市、区）名称 | 满意度 | 全省排名 |
|---|---|---|---|
| 秦皇岛市 | 山海关区 | 87.80 | 27 |
| 石家庄市 | 井陉矿区 | 87.80 | 27 |
| 保定市 | 博野县 | 87.60 | 30 |
| 邯郸市 | 鸡泽县 | 87.60 | 30 |
| 石家庄市 | 鹿泉区 | 87.53 | 32 |
| 张家口市 | 崇礼区 | 87.50 | 33 |
| 秦皇岛市 | 卢龙县 | 87.40 | 34 |
| 石家庄市 | 平山县 | 87.35 | 35 |
| 张家口市 | 怀安县 | 87.32 | 36 |
| 邢台市 | 平乡县 | 87.20 | 37 |
| 唐山市 | 丰南区 | 87.14 | 38 |
| 邢台市 | 襄都区 | 87.00 | 39 |
| 邯郸市 | 永年区 | 86.92 | 40 |
| 邢台市 | 南和区 | 86.80 | 41 |
| 唐山市 | 乐亭县 | 86.79 | 42 |
| 保定市 | 徐水区 | 86.79 | 42 |
| 衡水市 | 深州市 | 86.76 | 44 |
| 石家庄市 | 栾城区 | 86.73 | 45 |
| 沧州市 | 吴桥县 | 86.60 | 46 |
| 廊坊市 | 大城县 | 86.41 | 47 |
| 保定市 | 涞源县 | 86.40 | 48 |
| 承德市 | 承德县 | 86.40 | 48 |
| 邯郸市 | 峰峰矿区 | 86.28 | 50 |
| 邢台市 | 威县 | 86.28 | 51 |
| 沧州市 | 青县 | 86.26 | 52 |
| 沧州市 | 新华区 | 86.20 | 53 |
| 保定市 | 顺平县 | 86.00 | 54 |
| 石家庄市 | 灵寿县 | 86.00 | 54 |
| 石家庄市 | 深泽县 | 86.00 | 54 |
| 保定市 | 阜平县 | 85.80 | 57 |
| 衡水市 | 阜城县 | 85.71 | 58 |
| 保定市 | 满城区 | 85.61 | 59 |
| 衡水市 | 景县 | 85.61 | 60 |

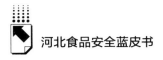
| 市（区）名称 | 县（市、区）名称 | 满意度 | 全省排名 |
|---|---|---|---|
| 沧州市 | 孟村回族自治县 | 85.60 | 61 |
| 石家庄市 | 晋州市 | 85.57 | 62 |
| 邯郸市 | 成安县 | 85.49 | 63 |
| 唐山市 | 曹妃甸区 | 85.40 | 64 |
| 唐山市 | 遵化市 | 85.38 | 65 |
| 石家庄市 | 长安区 | 85.09 | 66 |
| 邯郸市 | 曲周县 | 85.04 | 67 |
| 石家庄市 | 正定县 | 85.03 | 68 |
| 承德市 | 宽城满族自治县 | 85.00 | 69 |
| 唐山市 | 古冶区 | 85.00 | 69 |
| 廊坊市 | 固安县 | 84.97 | 71 |
| 承德市 | 平泉市 | 84.86 | 72 |
| 张家口市 | 怀来县 | 84.80 | 73 |
| 邯郸市 | 丛台区 | 84.80 | 73 |
| 衡水市 | 安平县 | 84.71 | 75 |
| 唐山市 | 滦州市 | 84.69 | 76 |
| 保定市 | 涿州市 | 84.66 | 77 |
| 廊坊市 | 安次区 | 84.62 | 78 |
| 雄安新区 | 容城县 | 84.60 | 79 |
| 邢台市 | 清河县 | 84.59 | 80 |
| 廊坊市 | 文安县 | 84.55 | 81 |
| 石家庄市 | 新乐市 | 84.55 | 81 |
| 廊坊市 | 三河市 | 84.35 | 83 |
| 张家口市 | 沽源县 | 84.00 | 84 |
| 秦皇岛市 | 青龙满族自治县 | 84.00 | 84 |
| 衡水市 | 桃城区 | 83.97 | 86 |
| 石家庄市 | 行唐县 | 83.85 | 87 |
| 承德市 | 鹰手营子矿区 | 83.80 | 88 |
| 邢台市 | 宁晋县 | 83.80 | 88 |
| 邢台市 | 内丘县 | 83.80 | 88 |
| 唐山市 | 玉田县 | 83.78 | 91 |
| 保定市 | 易县 | 83.61 | 92 |
| 承德市 | 滦平县 | 83.60 | 93 |

| 市(区)名称 | 县(市、区)名称 | 满意度 | 全省排名 |
|---|---|---|---|
| 保定市 | 高阳县 | 83.40 | 94 |
| 张家口市 | 赤城县 | 83.33 | 95 |
| 邯郸市 | 武安市 | 83.23 | 96 |
| 邢台市 | 新河县 | 83.20 | 97 |
| 张家口市 | 康保县 | 83.11 | 98 |
| 张家口市 | 桥东区 | 83.09 | 99 |
| 张家口市 | 涿鹿县 | 83.08 | 100 |
| 廊坊市 | 永清县 | 83.05 | 101 |
| 保定市 | 安国市 | 83.00 | 102 |
| 雄安新区 | 安新县 | 82.87 | 103 |
| 沧州市 | 泊头市 | 82.80 | 104 |
| 邯郸市 | 邱县 | 82.67 | 105 |
| 承德市 | 隆化县 | 82.60 | 106 |
| 邢台市 | 南宫市 | 82.41 | 107 |
| 邢台市 | 巨鹿县 | 82.40 | 108 |
| 邢台市 | 临西县 | 82.40 | 108 |
| 邯郸市 | 邯山区 | 82.29 | 110 |
| 张家口市 | 蔚县 | 82.28 | 111 |
| 沧州市 | 任丘市 | 82.24 | 112 |
| 唐山市 | 丰润区 | 82.24 | 112 |
| 沧州市 | 献县 | 82.20 | 114 |
| 张家口市 | 宣化区 | 82.16 | 115 |
| 辛集市 | 辛集市 | 81.96 | 116 |
| 唐山市 | 路北区 | 81.93 | 117 |
| 石家庄市 | 新华区 | 81.91 | 118 |
| 保定市 | 唐县 | 81.88 | 119 |
| 沧州市 | 沧县 | 81.87 | 120 |
| 石家庄市 | 藁城区 | 81.76 | 121 |
| 定州市 | 定州市 | 81.76 | 121 |
| 邢台市 | 信都区 | 81.73 | 123 |
| 邢台市 | 临城县 | 81.66 | 124 |
| 邯郸市 | 临漳县 | 81.62 | 125 |
| 保定市 | 望都县 | 81.60 | 126 |

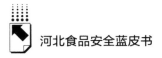

续表

| 市（区）名称 | 县（市、区）名称 | 满意度 | 全省排名 |
|---|---|---|---|
| 唐山市 | 开平区 | 81.60 | 126 |
| 保定市 | 涞水县 | 81.40 | 128 |
| 承德市 | 双滦区 | 81.40 | 128 |
| 张家口市 | 下花园区 | 81.30 | 130 |
| 张家口市 | 阳原县 | 81.28 | 131 |
| 邯郸市 | 复兴区 | 81.20 | 132 |
| 邢台市 | 柏乡县 | 81.20 | 132 |
| 石家庄市 | 桥西区 | 81.12 | 134 |
| 衡水市 | 枣强县 | 81.04 | 135 |
| 邯郸市 | 广平县 | 81.00 | 136 |
| 张家口市 | 张北县 | 80.96 | 137 |
| 衡水市 | 武强县 | 80.93 | 138 |
| 张家口市 | 尚义县 | 80.92 | 139 |
| 保定市 | 莲池区 | 80.88 | 140 |
| 承德市 | 丰宁满族自治县 | 80.80 | 141 |
| 邯郸市 | 魏县 | 80.71 | 142 |
| 保定市 | 竞秀区 | 80.70 | 143 |
| 张家口市 | 桥西区 | 80.51 | 144 |
| 保定市 | 清苑区 | 80.47 | 145 |
| 石家庄市 | 裕华区 | 80.38 | 146 |
| 邢台市 | 沙河市 | 80.34 | 147 |
| 张家口市 | 万全区 | 80.21 | 148 |
| 衡水市 | 武邑县 | 80.18 | 149 |
| 邯郸市 | 涉县 | 80.00 | 150 |
| 廊坊市 | 广阳区 | 80.00 | 150 |
| 唐山市 | 路南区 | 80.00 | 150 |
| 邢台市 | 任泽区 | 79.80 | 153 |
| 承德市 | 围场满族蒙古族自治县 | 79.66 | 154 |
| 承德市 | 兴隆县 | 79.60 | 155 |
| 雄安新区 | 雄县 | 79.60 | 156 |
| 秦皇岛市 | 海港区 | 79.53 | 157 |
| 保定市 | 定兴县 | 79.40 | 158 |
| 保定市 | 蠡县 | 79.23 | 159 |

| 市(区)名称 | 县(市、区)名称 | 满意度 | 全省排名 |
|---|---|---|---|
| 沧州市 | 运河区 | 78.29 | 160 |
| 保定市 | 曲阳县 | 78.09 | 161 |
| 沧州市 | 肃宁县 | 77.88 | 162 |
| 沧州市 | 河间市 | 77.79 | 163 |
| 承德市 | 双桥区 | 77.20 | 164 |
| 保定市 | 高碑店市 | 76.83 | 165 |
| 邯郸市 | 大名县 | 76.68 | 166 |
| 邯郸市 | 肥乡区 | 76.19 | 167 |

资料来源：河北省市场监督管理局。

## （四）政府食品安全保障工作总体满意度

调查结果显示，从全省公众评价来看，公众对本地党委、政府为保障食品安全所做的工作满意度为84.97%，整体来看，公众评价较高，公众选择非常满意和比较满意的比例达到了81.81%（见图8）。

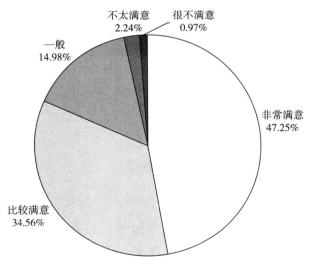

**图8　公众对政府食品安全保障工作的评价**

资料来源：河北省市场监督管理局。

从各市（区）公众评价来看，公众对政府食品安全保障工作满意度排名前 3 的市（区）为廊坊市（88.74%）、秦皇岛市（86.31%）、衡水市（86.20%）；排名后 3 的市（区）为邢台市（83.91%）、保定市（83.88%）、张家口市（83.45%）（见表6）。

**表6　各市（区）公众对政府食品安全保障工作满意度及排名**

单位：%

| 市（区）名称 | 公众满意度 | 排名 |
|---|---|---|
| 廊坊市 | 88.74 | 1 |
| 秦皇岛市 | 86.31 | 2 |
| 衡水市 | 86.20 | 3 |
| 辛集市 | 85.80 | 4 |
| 沧州市 | 85.56 | 5 |
| 唐山市 | 85.40 | 6 |
| 定州市 | 85.08 | 7 |
| 石家庄市 | 84.92 | 8 |
| 承德市 | 84.08 | 9 |
| 邯郸市 | 83.96 | 10 |
| 雄安新区 | 83.92 | 11 |
| 邢台市 | 83.91 | 12 |
| 保定市 | 83.88 | 13 |
| 张家口市 | 83.45 | 14 |
| 全省平均值 | 84.97 | |

资料来源：河北省市场监督管理局。

### （五）食品安全科普工作满意度

调查结果显示，从全省公众评价来看，公众对食品安全科普工作的满意度为77.72%，公众评价相对较低，对食品安全科普工作持积极态度（认为力度非常大和力度比较大）的公众占比仅为64.30%（见图9）。

从各市（区）公众评价来看，公众对食品安全科普工作满意度

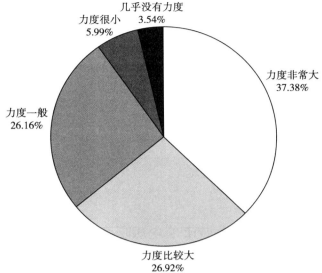

**图9 公众对食品安全科普工作的评价**

资料来源：河北省市场监督管理局。

排名前3的市（区）为秦皇岛市（87.34%）、张家口市（84.08%）、辛集市（79.61%）；排名后3的市（区）为衡水市（74.92%）、石家庄市（74.60%）、雄安新区（73.63%）（见表7）。

**表7 各市（区）公众对食品安全科普工作满意度及排名**

单位：%

| 市（区）名称 | 公众满意度 | 排名 |
| --- | --- | --- |
| 秦皇岛市 | 87.34 | 1 |
| 张家口市 | 84.08 | 2 |
| 辛集市 | 79.61 | 3 |
| 承德市 | 78.06 | 4 |
| 定州市 | 77.65 | 5 |
| 邢台市 | 77.50 | 6 |
| 邯郸市 | 77.31 | 7 |
| 唐山市 | 77.00 | 8 |
| 沧州市 | 76.25 | 9 |

续表

| 市（区）名称 | 公众满意度 | 排名 |
|:---:|:---:|:---:|
| 保定市 | 76.17 | 10 |
| 廊坊市 | 75.86 | 11 |
| 衡水市 | 74.92 | 12 |
| 石家庄市 | 74.60 | 13 |
| 雄安新区 | 73.63 | 14 |
| 全省平均值 | 77.72 | |

资料来源：河北省市场监督管理局。

## （六）国家食品安全城市公众知晓率

从 2022 年河北省蝉联国家食品安全示范城市的石家庄市、唐山市、张家口市公众知晓率来看，三市公众知晓率均在 85% 以上，但仍有部分公众不知道本市是不是国家食品安全示范城市（见图 10）。因此上述三市应继续加强宣传工作，拓宽宣传渠道，继续提高公众对国家食品安全城市的知晓率。

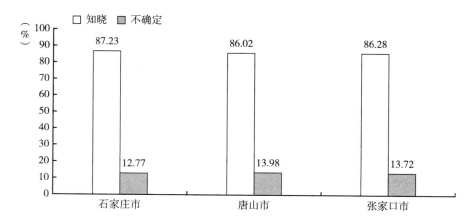

**图 10　石家庄市、唐山市、张家口市国家食品安全城市公众知晓率**

资料来源：河北省市场监督管理局。

### （七）食品安全城市创建的氛围

从国家食品安全示范创建推荐城市秦皇岛市、廊坊市、邢台市、邯郸市来看，公众对廊坊市国家食品安全城市创建氛围的评价较高，认为当地的氛围"非常强烈"的占比达到了80.08%；公众对秦皇岛市国家食品安全城市创建氛围的评价相对较低，有10.63%的公众认为"没有感受到有相应的氛围"（见图11）。

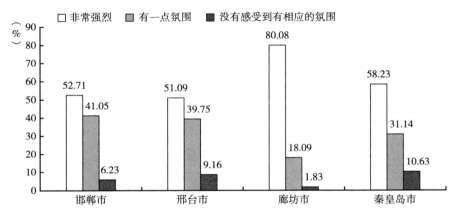

**图11 公众对国家食品安全示范创建推荐城市创建氛围的评价**

资料来源：河北省市场监督管理局。

## 六 意见和建议

### （一）严控源头风险，建立食品安全联防机制

农产品作为食品之根源，是民生之本，把控食品安全就要从第一道工序农产品开始。

一是建立食安联防机制，协调相关部门，构建"网格化"监管机制。从县、镇、村到基地，形成四位一体的"网格化"监管机制，设立村级监管员，充分调动村级干部的工作积极性，以此实现农药投入品使用、基地生产环境、生产者依法经营等农产品种植环节的有效监管。同时设立农产品质量安全追溯机制。推行食用农产品合格证监管系统，搭建农产品质量安全监管平台，做到农产品基地"一地一证"，确保农产品流通上市后出现问题可以追根溯源。

二是联合相关部门，加大对农资经营门店的规范化经营管理力度。本次调研结果显示，公众担心的食品安全问题中，选择农药、兽药残留的公众占比 45.56%。可以看出，公众对农药、兽药的应用比较担忧。可以通过与相关部门联动，张贴农药禁限用名录，进一步严格控制禁限用农药、兽药等农业投入品的生产、销售和使用。同时实施农药经营登记备案、高毒农药定点经营等制度措施，构建农药从购入到使用再到回收的闭环管理系统，实现农药、兽药的可追溯管理。

## （二）强化过程管理，落实生产企业责任监督

生产企业是食品流向市场的重要关口，落实生产企业的自我监督、互相监督和制度监管，是提升食品安全水平的重要手段。

从企业自我监督层面看，需要企业从内部开始树立监管责任心，形成企业文化。同时需要管理人员和专业人员积极组织员工参与，学习食品安全知识，深入了解监管标准，做到每个人都是监督者，实现制度化，最终实现企业内部的强监管体系。

从互相监督层面看，市场监管部门应拓宽食品安全相关不规范行为的举报渠道，企业对企业、群众对企业的监督过程中发现的问题可以通过举报或投诉渠道尽快反馈给相关部门，相关部门能够及早介入并找到解决方案，避免影响范围进一步扩大。

从制度监督层面看，市场监管部门可加强信用监管，指导地方建立完善的食品生产企业食品安全信用档案。综合运用食品生产企业信用等级，强化风险分级管理，实施精准监管，严守食品安全底

线。加强智慧监管，坚持以用为核心，优化食品生产监管信息系统功能应用，研究开发食品添加剂标准查询指导数据库。指导地方强化食品生产监督检查工作，以风险分级为基础，严格日常监督检查，重点加强飞行检查和体系检查，探索开展随机监督检查和异地监督检查。通过实施严检查强监管，促进企业持续合规，保证生产加工食品质量安全。

## （三）严格落实标准，杜绝违规食品流向市场

深化食品安全治理，要坚持系统思维，切实把握好局部与全局、当前与长远、治标与治本、安全与发展、风险与责任等一系列重大关系，着眼全局、突出重点、抓住关键，把握要害，努力推进食品安全治理行稳致远。食品安全是涉及多环节、多要素、多类别、多层次、多维度的系统工程，要杜绝不规范食品流向市场就要把控好出厂标准，从严落实，增加食品抽检频率，对于抽检不合格的企业进行深度走访，了解违规的根源，同时对不符合标准的企业从严处理，将信用良好的企业作为标杆，并给予正向激励，逐步建立食品安全领域的示范效应，最终实现食品安全满意度的提升。

## （四）加大宣传力度，多措并举组织全民参与

习近平总书记在党的二十大报告中提出要推进健康中国建设，把保障人民健康放在优先发展的战略位置，完善人民健康促进政策。食品安全是人民健康的重要组成部分，市场监管部门除了要做好生产端的监督工作，还要提高群众对于食品安全的重视程度。

一是要营造主动学习食品安全知识的氛围。通过组织有奖竞赛或学校竞赛，从娃娃抓起，培养食品安全意识，形成从老师到学生再到家长的学习生态链，逐步扩大食品安全知识的覆盖面。

二是要创新形式。除传统媒体及渠道传播外，要紧跟潮流，通过

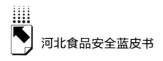

抖音、快手等自媒体官方账号，以趣味问答或其他形式向大众传输食品安全相关知识。

三是树立群众的食品安全"主人翁"意识。从本次调查结果看，有50%以上的公众在遇到食品安全问题时只选择解决问题，并没有选择举报，说明群众在食品安全监管方面并未树立"主人翁"意识，相关部门可通过举报线索落实到人，从举报开始到事件处理结束，全程同步给举报人，提升群众在监管层面的参与感。

# 后　记

　　《河北食品安全研究报告（2023）》在相关部门的大力支持和课题组成员的共同努力下顺利出版。本书全面展示了2022年河北省食品安全状况，客观总结了河北省食品安全保障工作的创新实践及有益探索。

　　参与编写的人员有王旗、赵少波、张建峰、赵清、郗东翔、甄云、马宝玲、李慧杰、郝建博、张姣姣、李越博、魏占永、赵小月、边中生、李海涛、吴晓峰、张志锐、卢江河、张春旺、滑建坤、王睿、孙慧莹、杜艳敏、王琳、韩煜、曹彦卫、宋军、孙福江、任瑞、刘琼、李杨微宇、张子仑、刘凌云、郑俊杰、韩绍雄、柴永金、李树昭、陈茜、朱金姿、吕红英、李晓龙、田明、冯军、胡高爽、郝建雄、闫训友、张兰天、赵俊兰、史国华、张岩、李鹏、董存亮、张鹏、刘琼辉、张兆辉、任怡卿、赵诚、苗雨欣、侯晋丽、黄珂、李靖等。

　　编写过程中，课题组得到了有关省直部门、行业协会和研究机构的积极协助，河北科技大学、廊坊师范学院给予了大力支持。在此，向在编写工作中付出辛勤劳动的各位领导、专家、同人表示由衷的感谢！特别向提供大量素材并提供宝贵修改意见和建议的各部门相关处室（单位）、机构表示诚挚谢意。

　　最后，恳请社会各界对本书提出批评建议，我们将努力呈现更好的作品。

社会科学文献出版社

# 皮 书

## 智库成果出版与传播平台

### ✤ 皮书定义 ✤

皮书是对中国与世界发展状况和热点问题进行年度监测，以专业的角度、专家的视野和实证研究方法，针对某一领域或区域现状与发展态势展开分析和预测，具备前沿性、原创性、实证性、连续性、时效性等特点的公开出版物，由一系列权威研究报告组成。

### ✤ 皮书作者 ✤

皮书系列报告作者以国内外一流研究机构、知名高校等重点智库的研究人员为主，多为相关领域一流专家学者，他们的观点代表了当下学界对中国与世界的现实和未来最高水平的解读与分析。截至2022年底，皮书研创机构逾千家，报告作者累计超过10万人。

### ✤ 皮书荣誉 ✤

皮书作为中国社会科学院基础理论研究与应用对策研究融合发展的代表性成果，不仅是哲学社会科学工作者服务中国特色社会主义现代化建设的重要成果，更是助力中国特色新型智库建设、构建中国特色哲学社会科学"三大体系"的重要平台。皮书系列先后被列入"十二五""十三五""十四五"时期国家重点出版物出版专项规划项目；2013~2023年，重点皮书列入中国社会科学院国家哲学社会科学创新工程项目。

# 皮书网

（网址：www.pishu.cn）

发布皮书研创资讯，传播皮书精彩内容
引领皮书出版潮流，打造皮书服务平台

## 栏目设置

**◆ 关于皮书**

何谓皮书、皮书分类、皮书大事记、
皮书荣誉、皮书出版第一人、皮书编辑部

**◆ 最新资讯**

通知公告、新闻动态、媒体聚焦、
网站专题、视频直播、下载专区

**◆ 皮书研创**

皮书规范、皮书选题、皮书出版、
皮书研究、研创团队

**◆ 皮书评奖评价**

指标体系、皮书评价、皮书评奖

**◆ 皮书研究院理事会**

理事会章程、理事单位、个人理事、高级
研究员、理事会秘书处、入会指南

## 所获荣誉

◆ 2008 年、2011 年、2014 年，皮书网均
在全国新闻出版业网站荣誉评选中获得
"最具商业价值网站"称号；

◆ 2012 年，获得"出版业网站百强"称号。

## 网库合一

2014 年，皮书网与皮书数据库端口合
一，实现资源共享，搭建智库成果融合创
新平台。

皮书网

"皮书说"
微信公众号

皮书微博

# 权威报告·连续出版·独家资源

# 皮书数据库
## ANNUAL REPORT(YEARBOOK)
## DATABASE

## 分析解读当下中国发展变迁的高端智库平台

### 所获荣誉

- 2020年，入选全国新闻出版深度融合发展创新案例
- 2019年，入选国家新闻出版署数字出版精品遴选推荐计划
- 2016年，入选"十三五"国家重点电子出版物出版规划骨干工程
- 2013年，荣获"中国出版政府奖·网络出版物奖"提名奖
- 连续多年荣获中国数字出版博览会"数字出版·优秀品牌"奖

皮书数据库

"社科数托邦"
微信公众号

### 成为用户

登录网址www.pishu.com.cn访问皮书数据库网站或下载皮书数据库APP，通过手机号码验证或邮箱验证即可成为皮书数据库用户。

### 用户福利

- 已注册用户购书后可免费获赠100元皮书数据库充值卡。刮开充值卡涂层获取充值密码，登录并进入"会员中心"—"在线充值"—"充值卡充值"，充值成功即可购买和查看数据库内容。
- 用户福利最终解释权归社会科学文献出版社所有。

社会科学文献出版社 皮书系列
SOCIAL SCIENCES ACADEMIC PRESS (CHINA)

卡号：939171846463
密码：

数据库服务热线：400-008-6695
数据库服务QQ：2475522410
数据库服务邮箱：database@ssap.cn
图书销售热线：010-59367070/7028
图书服务QQ：1265056568
图书服务邮箱：duzhe@ssap.cn

# S 基本子库
## SUB DATABASE

## 中国社会发展数据库（下设 12 个专题子库）

紧扣人口、政治、外交、法律、教育、医疗卫生、资源环境等 12 个社会发展领域的前沿和热点，全面整合专业著作、智库报告、学术资讯、调研数据等类型资源，帮助用户追踪中国社会发展动态、研究社会发展战略与政策、了解社会热点问题、分析社会发展趋势。

## 中国经济发展数据库（下设 12 专题子库）

内容涵盖宏观经济、产业经济、工业经济、农业经济、财政金融、房地产经济、城市经济、商业贸易等 12 个重点经济领域，为把握经济运行态势、洞察经济发展规律、研判经济发展趋势、进行经济调控决策提供参考和依据。

## 中国行业发展数据库（下设 17 个专题子库）

以中国国民经济行业分类为依据，覆盖金融业、旅游业、交通运输业、能源矿产业、制造业等 100 多个行业，跟踪分析国民经济相关行业市场运行状况和政策导向，汇集行业发展前沿资讯，为投资、从业及各种经济决策提供理论支撑和实践指导。

## 中国区域发展数据库（下设 4 个专题子库）

对中国特定区域内的经济、社会、文化等领域现状与发展情况进行深度分析和预测，涉及省级行政区、城市群、城市、农村等不同维度，研究层级至县及县以下行政区，为学者研究地方经济社会宏观态势、经验模式、发展案例提供支撑，为地方政府决策提供参考。

## 中国文化传媒数据库（下设 18 个专题子库）

内容覆盖文化产业、新闻传播、电影娱乐、文学艺术、群众文化、图书情报等 18 个重点研究领域，聚焦文化传媒领域发展前沿、热点话题、行业实践，服务用户的教学科研、文化投资、企业规划等需要。

## 世界经济与国际关系数据库（下设 6 个专题子库）

整合世界经济、国际政治、世界文化与科技、全球性问题、国际组织与国际法、区域研究 6 大领域研究成果，对世界经济形势、国际形势进行连续性深度分析，对年度热点问题进行专题解读，为研判全球发展趋势提供事实和数据支持。

# 法律声明

"皮书系列"（含蓝皮书、绿皮书、黄皮书）之品牌由社会科学文献出版社最早使用并持续至今，现已被中国图书行业所熟知。"皮书系列"的相关商标已在国家商标管理部门商标局注册，包括但不限于 LOGO（▧）、皮书、Pishu、经济蓝皮书、社会蓝皮书等。"皮书系列"图书的注册商标专用权及封面设计、版式设计的著作权均为社会科学文献出版社所有。未经社会科学文献出版社书面授权许可，任何使用与"皮书系列"图书注册商标、封面设计、版式设计相同或者近似的文字、图形或其组合的行为均系侵权行为。

经作者授权，本书的专有出版权及信息网络传播权等为社会科学文献出版社享有。未经社会科学文献出版社书面授权许可，任何就本书内容的复制、发行或以数字形式进行网络传播的行为均系侵权行为。

社会科学文献出版社将通过法律途径追究上述侵权行为的法律责任，维护自身合法权益。

欢迎社会各界人士对侵犯社会科学文献出版社上述权利的侵权行为进行举报。电话：010-59367121，电子邮箱：fawubu@ssap.cn。

社会科学文献出版社